でも、たりなくてよかった

たりないテレビ局員と人気芸人のお笑い25年"もがき史"

安島隆

KADOKAWA

はじめに

演出家として誰もが知るほどの大ヒットを飛ばしたわけでもない。

会社員として仕事術を語れるほどの成果を上げたわけでもない。

キャリアは山あり、谷あり。圧倒的に、谷多めで深め。

とにかく、もがき、あがいてきた50歳のテレビ局員の半生を綴った本です。

手にとっていただいた皆様、本当にありがとうございます。心から感謝いたします。

全部書きます。勇気を出して書きます。恥も外聞もなく書きます。決して損はさせません。

テレビ局員として、ゴールデンタイムの番組を企画・演出して視聴率を取ってきました（急に自慢）。だけど今回僕が本の出版オファーをいただけたのは、「たりないふたり」という少しニッチなコンテンツ一連を企画・演出したことが大半の理由だと思います。ご存じない方にお話ししますと、「たりないふたり」は南海キャンディーズ山里亮太さんとオードリー若林正恭さんの、コンビの枠を超えた漫才ユニットとして２００９年に結成。12年間ライブやテレビ番組を舞台に断続的に活動を続け、２０２１年配信限定ライブで解散。この最後のライブは、お笑いライブ史上最多の５万５０００人を超える方に配信でご視聴いただきました。そして２０２３年４月。この二人の半生と「たりないふたり」を描いた〝ほぼ実話〟な連続ドラマが全国ネットで放送される、という奇跡が起きました。

ひとえに、山ちゃん若林くんという二人の天才のおかげです。

そもそも僕の役割は、二人の仲介でした。その後も、二人の間をなんだかんだとジタバタ動き回りました。辛さもありましたが、それを遥かに上回る喜びがありました。自分がこの世に生を享けた意味すら感じたこともありました。そんなことができたのは、ずっと自分を悩ませていた、あるコンプレックスのおかげです。

この本には効率よく仕事で成功する秘訣もないし、テレビ業界の面白裏話もないです。

コンプレックスこそが、人生の武器になるというお話を書いています。

誰しも自分のコンプレックスに関しては、人一倍の時間と労力をかけて考えているものではないでしょうか？　なんとか克服したい。もしくは逃げたい。だからこそ、そのコンプレックスに関しては、他の人以上に積み重なった知見と捨て切れない執着があるはずです。だとすれば、それを裏返せば唯一無二の武器になりえる。

それに、コンプレックスを持つ自分を全く違う自分に上書きしようとしても、やっぱり〝人(にん)〟（その人が元々持っている、らしさ・雰囲気）には抗えないと思うんですよね。つまり、コンプレックスも含めた自分自身をうまいこと生かして勝負するしかないし、案外いい勝負ができるはずです。

「言われてみればご尤も。じゃあ自分も明日からそう考えよう！」ってことで、この本は読まなくていいや……と見切った、そこのタイパ重視のあなた。何卒お待ちくださ い。理屈では簡単なんです。でもなかなか、うまく実行はできないんです。25年以上にわたって、そのコンプレックス故に大好きなお笑いとテレビとライブで、気の遠くなるような数の失敗を繰り返してきた僕。その具体的な事例を生々しく綴ったこの本を、どうか最後まで読んでください。ここまでコンプレックスをこじらせたら社会で生きるって大変だな、さすがに自分はここまでひどくないな、でも考え方自体は悪くないな、取りあえず〇〇することからやってみようか……みたいなケーススタディになると思うんです。

今回の出版の話をいただいた時、自分みたいな者が……とテンプレな卑下をして迷っていました。だけど若林くんに相談して、書くことを決めました。その時に若林くんにもらった言葉が沁みました。お守りみたいに握りしめて、この本を書きました。ご本人の了承をいただいたので、彼の言葉をそのまま記します。

本、絶対書いた方がいいと思います!!!!!

これからのテレビの時代を支える若者を生むバイブル、まさに「明日のたりないふたり」の書になると思います。

安島さんのテレビバラエティ史であり、私小説であり、後輩たちへの五輪書になると思います。

俺は「エッセイは、誰にも言えないことを勇気を出して書いた人の勝ちだ」という知人に貰った言葉を大事にしてました。

あれだけの表現を作ってくれた人なのですから、恥も外聞もなく書いてください!


若林くん、俺書くよ! 何もかも書くよ!

だからもし、ここまでは書かないでよ、ってこと書いても怒らないでね!

それと山ちゃん……ここまでまだエピソードを出せてないけど……怒らないでね!

本文中にはいろいろ山ちゃんのこと書かせてもらってるから……でもそれはそれで

怒らないでね！

それではお笑いとテレビとライブ、それと社会の波間でアップアップしてきた、僕の〝もがき史〟にお付き合いください。

しんどい話多めですが、そのうちスカッと広がる大海原に出るぞ！　と耐えて、お読みいただければ幸いです。

でも、たりなくてよかった　目次

第1章　「たりないふたり」結成から封印まで

2009年〜2014年

第2章

夜明け前の人気芸人と、たりないテレビ局員

1996年〜2009年

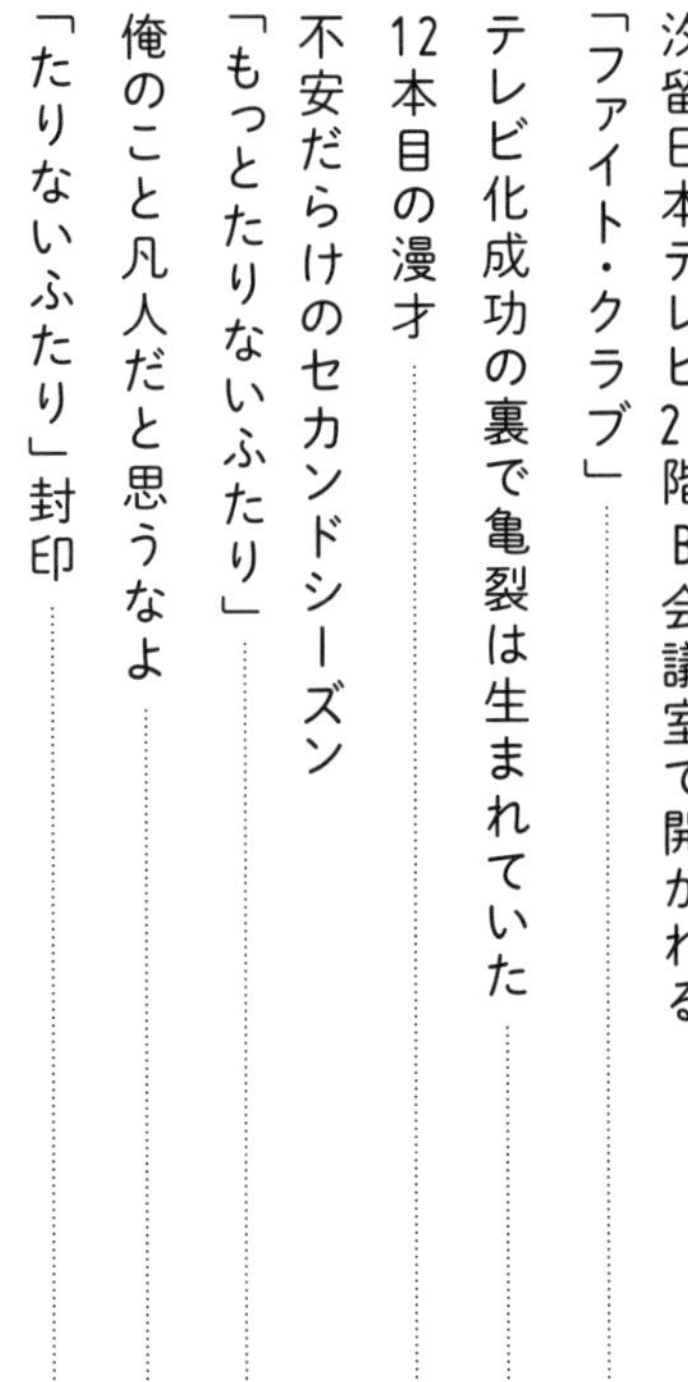

第3章

たりないテレビ局員、ゴールデンの荒波でもがく

2010年〜2018年

第4章 「たりないふたり」復活から解散まで

2019年～2021年

たりふた
SUMMER JAM'12
（ライブ/2012年）

たりふた
SUMMER JAM'14
〜山里関節祭り〜
（ライブ/2014年）

もっと たりないふたり
（テレビ番組/2014年）

たりないふたり
（テレビ番組/2012年）

明日のたりないふたり
（ライブ/2021年）

さよならたりないふたり
〜みなとみらいであいましょう〜
（ライブ/2019年）

たりないふたり2020 春夏秋冬
（テレビ番組/2020年）

2012 2013 2014 2015 2016 2017 2018 2019 2020 2021 2022 2023

解決！ナイナイアンサー
（2012〜2017年）

犬も食わない
（2018年）

有吉の！
みんなは触れてこないけど
ホントは聞いて欲しい話
（特番・2023年）

耳が痛いテレビ
（特番・2012〜2016年/7回放送）

グサッとアカデミア
（特番・2015〜2019年/6回放送）

芸人プリズン
（特番・2020年）

ヨロシクご検討下さい
（特番・2014年〜2017年/9回放送）

ウーマン・オン・ザ・プラネット
（2012〜2015年）

あのニュースで得する人損する人
（2013〜2018年）

田中が考え中
（2012〜2014年）

犬も食わない話
（2018年）

オードリーの
まんざいたのしい
（2013年）

若林正恭の
Love or Sick
（2015〜2018年）

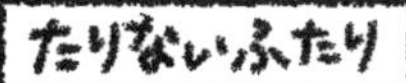

たりないふたり
（ライブ/2009年）

1999 2000 2001 2002 2003 2004 2005 2006 2007 2008 2009 2010 2011

テレビ番組

落下女
（2005～2006年）

恋愛新党
（2008年）

潜在異色
（2010年）

キレても
いいですか？
（特番・2010年）

コレって
アリですか？
（2010～2011年）

ぜんぶウソ
（2009年）

バカなフリして
聞いてみた
（2011年）

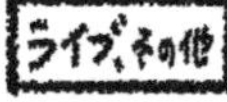

君の席
（DVD/2001年）

笑いの巣
（ネット企画/1999年）

ライヴ！君の席
（2002年）

錆鉄ニュータウン
（DVD/2003年）

LIVE!
潜在異色
（2008～2009年）

LIVE!
潜在異色
【SUIDOUBASHI秘宝館】
（2010年）

咆号
（2010年）

出版プロデューサー	
	伊藤直樹（KADOKAWA）
	北川俊介　将口真明　加宮貴博（日本テレビ）
企画協力	ケイダッシュステージ
	吉本興業
ブックデザイン	小口翔平　須貝美咲　阿部早紀子（tobufune）
カバーイラスト	芦野公平
対談構成	城﨑尉成（思机社）
撮影	増田岳二（K-9）
年表デザイン	michi
編集協力	飯田和弘　齋藤里子（日本テレビ）
編集	磯 俊宏（KADOKAWA）

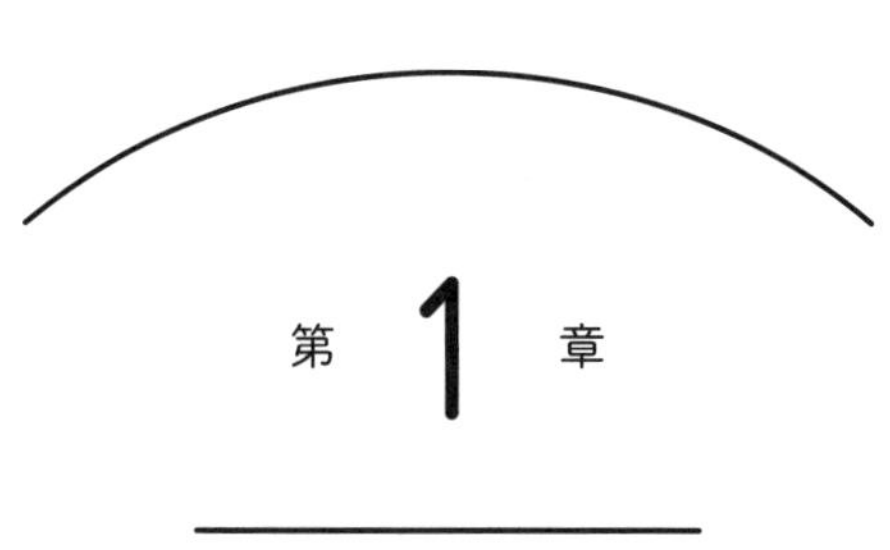

第1章 「たりないふたり」結成から封印まで

2009年

中野で結ばれた薩長同盟

初めて山ちゃんと若林くんの二人を引き合わせたのは、2009年5月、東京・中野駅からほど近い古民家風居酒屋だった。このメンバーで会を開くなら、店の場所は西麻布とか六本木とか、そういう感じじゃないだろう。いかにも芸能人っぽい、隠れてます、みたいなゴリゴリの個室よりも、すだれで区切られたくらいの雑な掘りごたつの方がリラックスして話せるだろう……など、いろいろ考えての僕なりのチョイス。

しかし間の悪いことに、その前の打ち合わせが長引いた。僕が予約した席に着いた時、既に到着していた二人はピンと張り詰めた空気で……なぜか横並びに座っていた。

遅刻を謝罪しつつ、二人の向かいの席に腰を下ろす。会話のきっかけを作ろうとした僕は、若林くんに「山ちゃんのYouTube見てるんだよね？」と話を振った。「そうなんです、山里さんのたとえ突っ込みを、勝手に集めて編集されたYouTubeがあって、前から、それをよく見ていて……」とボソボソ話し出すが、顔は真っ直ぐこちらに向けたまま。なので「へー！　山ちゃんの突っ込みに、前から興味あったんだね。そう聞くと悪い気しないよね？　山ちゃん」と水を向けると、こちらも同じく顔を前向きに固定して「ですね……（こっくり）」……流れる滝のように続く沈黙。そして、また僕がどちらかに話題を振り、僕に答えが返ってくると、僕がそれをどちらかに投げかける……の繰り返し。まるでスカッシュの壁にでもなったような気分だ。

いい大人なんだから、二人でもう少し話を進めろ！　せめて目を合わせてくれ！と心の中でぼやくも、あ、横並びで座っているのは、お互い目を合わせるのが辛かったからか……と気づいた。なるほど、この二人は似ているなあと思い、なんなら愛おしさすら覚えた。

そしてこれが、こうして二人を会わせた理由だったなあ……とも思い返した。

南海キャンディーズ山里亮太とオードリー若林正恭。

共にM－1グランプリで準優勝して突如表舞台に現れた若手漫才師。キャラクターの強い相方を自在に操る、オリジナルの漫才スタイル。その武器は、花火のクライマックスのように華麗で矢継ぎ早に放たれる、センスある突っ込み（だったら、なおさら二人でバンバン話してくれ！　と訴えたかった）。

僕はそんな外側だけ見ても似ている二人とそれぞれ出会い、親しく話をするようになった。なぜか話の呼吸やテンポが合った。友人の少ない自分にとって、こんなに心地よく話せる相手はなかなかいなかった。

すると、二人から互いを意識したコメントを聞くことが驚くほど多かった。先ほどの「山里さんのＹｏｕＴｕｂｅを見ている」という若林くんの話や、「山里さんの返しのコメントって絶対外さないですよね」といった話も然り。山ちゃんからも「若林くんはどうやって漫才作ってるのかなあ?」「若林くんはできる男のような気がする」など、若林くんへの並々ならぬ興味がうかがえる言葉が飛び出してきた。

もはや互いへの愛の告白にしか聞こえなかった。

そしてこの天才同士が惹かれあっているのに気づいているのはきっと、世界中で自分だけ……。早く二人を会わせなくては！　という、この後も長年にわたって僕を動かす謎の使命感（誰にも頼まれていない）により、この会を設定した、はずが……。

二人が最も似ている部分、その内面。共に小動物のように警戒心が極度に強い人見知り。なのに間をつなぐ自分が会に遅刻という凡ミス。おかげで初っ端からぎこちない展開になってしまった……と後悔しきりだった。


だけど1時間後。

信じられないくらい、会は盛り上がっていた。

もちろんお酒の助けもあるが、何より会話の中身のおかげだった。

山里「先輩とかテレビマンが集まる飲み会って地獄だよね？」

若林「確かに。俺、電話がかかってきたフリしてそのまま会から逃げたことありますよ」

山里「いいね。俺は飲み会に誘われたら『家に冷凍の宅急便来るから、受け取らなきゃいけないんです』って嘘ついて、そもそも行かないからね」

若林「すごいな……天才ですね！」

山里「まあね」

山里「テレビの収録って地獄な時ない？」

若林「そうですね。スタジオでＶＴＲ見るだけの機会多いですよね？　そういう時、ＶＴＲに興味なくてもワイプ（テレビ画面端に出る小さな窓）で抜かれるじゃないですか？　表情作るの大変なんすよ」

山里「作ってるのね。いいね。そういう時俺は、鼻からふーと息を出して、２回うなずくのよ。やってみて」

若林「なんすかそれ。（やってみる）あ、確かにすげえ感心してるような雰囲気出ますね！」

山里「これ、俺の中で『赤べこハーフーン』って名付けてるんだけど。よければ使って」
若林「やっぱ天才ですね！」
山里「まあね」
若林「(赤べこハーフーンやる)」
山里「このタイミングで使っちゃうと俺に感心してないことになっちゃうから！」

「一応僕もテレビマンのはしくれだぞ……」と気分を害することは1ミリもなく、ニヤニヤしたり、時には爆笑したりしながら聞いていた。

正直に言えば僕は、二人がさらけ出したテレビや社会への疑問・不満・鬱憤に、完全に共感していた。自分はそんな厄介なコールタールみたいなものを胸に抱えつつも、見て見ぬフリをしながら日々仕事をしていた。二人より少し年上の僕は経験上、社会で擬態するにはそれが賢明だと思っていた。だけど二人がぶちまけている様には爽快感すら覚えたし、第三者として客観的に聞くと面白いエピソードだと思った。

そして、さらにもう一つ。二人が似ているところを見つけた。

それは売れたいと願って、実際に売れて。テレビに出て、人気者になって。その結果開けた新しい人間関係や環境に、強烈な違和感と失望感を持ち、生きにくさを自覚していたところ。他人から見たら、心を閉ざしがちで頑なな二人の人間性の問題かもしれない。しかし二人はいくら打ちのめされても絶望はせず、日々もがき、あがき、立ち上がっていた。僕はそんな二人の格好悪い「生き様」こそ格好いいと思った。


この会を設ける際に、僕がひそかに決めていたことがあった。

それは、二人の華麗な突っ込みを生かし、日本語の豊かな面白さを表現するおしゃれなライブを立ち上げたいということ。しかし、そんな提案は切り出せないまま、濃い目のレモンサワーで薄れゆく意識の中、こうぼんやり思っていた。

「飲み会が嫌いだ」というテーマで盛り上がるこの飲み会で話されたことを、そのままライブにしてお客さんの前で思いっきり披露してもらおう。少なくとも僕は、腹が千切れるほど笑った。感情を全部乗っけられるほど共感できた。そんな、自分の感覚を信じようと思った。

後に若林くんがこの会を、西郷どんこと山里と桂小五郎こと若林を、坂本龍馬こと安島がつないだ小さな小さな薩長同盟締結の場だったと評した。

確かにそうだったのかもしれない。

僕らは本当に無自覚に、当時の同調圧力真っ盛りの社会に討幕の狼煙を上げてしまうことになるのだから。

2005年／2008年

二人との出会い
――重なるふたり

山ちゃんと初めて会ったのは2005年。きっかけは、当時の南海キャンディーズのマネージャー片山勝三さんが僕を訪ねてきて、僕が企画演出した「落下女」という深夜コント特番が面白かった、ぜひ南キャンと引き合わせたいと言ってくれたことだ。

片山さんとはこれが初対面。「落下女」は、バナナマン、おぎやはぎ、ドランクドラゴン、ラーメンズ片桐たち東京の若手コント師が、「女性にモテるためには……」というテーマで妄想を展開するコント番組（後ほどまた詳しく説明しますね）。深夜帯に2回しか放送しなかった特番なのに、エンドロールで僕の名前を確認して探してきてくれた片山さん。熱い人だなあと思ったし、ここまでマネージャーさんを本気にさせるのは、きっと南キャンにそれだけの魅力と将来性があるからだろうとも思った。

もちろん「M－1グランプリ2004」のダークホースとして準優勝に輝いた南キャンの印象は鮮烈だった。なんだかピチカート・ファイヴみたいだと勝手に感じていた。パッと目に入るのはしずちゃんこと山崎静代のトリッキーなボケ。実際、当時はしずちゃんだけが注目され、コンビ内で明白な格差があった。ただ僕は、特に山ちゃんと話したいと思った。おそらくブレーンは山ちゃん。「南キャン」という作品を生み出した人の頭の中を覗いてみたかった。プレーヤーとしても、しずちゃんを際立たせ、決してけなさない絶妙なたとえ突っ込みは、一つも外さずいつも快調だ。

ぜひに、とお願いし、南キャンの二人、片山さん、安島の食事会が実現した。


当時から、国民的人気者になる予感を漂わせる、ゆったりとした優しいオーラをまとっていた、しずちゃん。一方、山ちゃんはM－1グランプリでの自信に満ちた様子と違い、できることなら人混みに消えてしまいたいと願っていそうな、所在なげなたたずまいだった。その漫才を絶賛する僕に対してほぼ目を合わさず、口を開けば謙遜の言葉ばかり。ただしその謙遜が過ぎて、多分本心じゃないだろうな、とは思っていた（笑）。

しずちゃんは帰宅し、赤坂のラーメン店で３人の二次会。そこでもほぼ無言でラーメンをすする彼だったが、会話の中で時折「面白いよね」という文脈で他の若手芸人の名前が出る度に、「ビクッ」と大きめなリアクションをしていたのが気になった。多分、これはナチュラルだと思った。

人混みの中に消えたいと願っていそう、は間違いだ。他の芸人に負けたくない、誰よりも面白くなりたいという巨大な熱が青白く発色している。

その光量に少しおびえながらも、もっと話を聞いてみたくなった。「どうですか？今のテレビの仕事は？」と思い切って尋ねたら、山ちゃんの目が、初めて僕を捉えた気がした。そして慎重に言葉を選びつつ、ポツリポツリと本音を吐露してくれた。「僕の実力不足のせいなのはわかっているんですよ。でも……」と、こう言葉を続けた。テレビの流儀への違和感とスタッフへの不安がある、だけど自分にはそれを跳ね返して自己流を貫くほどの実力がない。だから求められる通りにやるしかない。Ｍ－１グランプリでブレイクして多忙な日常の中、手応えを感じられないまま、このループを解消できずにぐるぐる悩んでいる。そして最終的には、飽きられ、仕事がなくなってしまうのではないかと落ち込んでしまう……。

今、勢いに乗る人気芸人の深く重い悩み。初対面の僕に明かしてくれて嬉しかった。こいつになら話せる、と思ってもらえた気がしたから。

だけど、その時の僕は「そうですか……」と聞くことしかできなかった。彼を明日へ導く言葉と武器を持たない、自分の薄っぺらさがもどかしかった。

若林くんと初めて会ったのは、山ちゃんとの初対面から3年後。２００８年の12月末だった。Ｍ－１グランプリ２００８。唯一無二の「ズレ漫才」を武器に、敗者復活戦からの劇的な準優勝を飾った直後のオードリー。スポットライトは相方の春日俊彰ばかりを照らしていた。しかし僕は、その影になっている若林という男に何かありそうな気がしていた。黒目がちな目の奥の本音はテレビ越しにははっきり読み取れなかったが、情熱と漆黒が広がっている気がした。その彼に当時主催していたライブ「潜（せん）

在異色」（後ほどまた詳しく書きます）のメンバー入りをオファーしたことがきっかけで、食事をすることになった。当日、予約した赤坂の店の個室に入り（たまたまだけど山ちゃんと二次会をしたラーメン店の近くの店だ）待っていたら、窓の外にタクシーで到着したオードリーの二人が見えた。M－1グランプリ直後の年末。各局に引っ張りだこの彼らは、疲労困憊なのだろう。いかにも体調が悪いのだろうな……、と思わせる大きめなマスクとダウン姿だった。

しかしなぜか、妙に生き生きとした表情で部屋に入ってきた二人。マスクを外しながら、彼らがカチッとスイッチを入れた音が聞こえた。

若林「こいつ（春日）、本当こっちが引くくらいケチなんですよー」
春日「（黙って大きくうなずく）」
若林「ジュース代が勿体ないってペットボトルに飴と水入れて、飴を溶かして飲んでるんですよー」
春日「（黙って大きくうなずく）」

車を降りた時の様子と180度違うオンモードに突入。

彼らが演じようとしている演目は、「メシ会で業界人にハマろうとする若手芸人」。このままだとお芝居の幕が本格的に上がってしまう。僕は慌てて、今日はそういう気遣いは無用なので、ゆっくりご飯を食べましょうと伝えた。

明らかに疲れている二人に気を張ってほしくないし、あの漫才を発明したコンビに僕としては尊敬と興味が溢れている。普通に会話をしたかった。それに僕だって、その芝居に付き合うなら苦手なオンモードに振り切らねばならない……。

少し驚いたような、ホッとしたような二人の顔。特に、若林くんはそれをきっかけに少しずつ、現状のリアルな思いを話してくれた。その多くが、以前聞いたことのあった内容だったことに、じんわりと胸が熱くなるのを感じた。僕は言った。

「3年前、南キャンの山ちゃんから聞いた話とほとんど同じです」

「……え、山里さんですか！　……なんか、嬉しいです」

若林くんは、はにかんだような微笑みを浮かべていた。

春日は……黙って少しだけうなずいていた（笑）。

2009年

「たりないふたり」誕生

山ちゃん、若林くんのそれぞれと出会い、二人を引き合わせた。

そしてとにかくライブをやろうと決めた。「飲み会が地獄」「テレビの収録が地獄」、加えて「恋愛も同じくらい地獄」「一人暮らしだけは天国」など、中野の出会いの会で異常に盛り上がった話を漫才や企画のネタにする、と自分の中で芯だけ決めて、3人による打ち合わせを始めた。

ある時は幡ヶ谷のカフェ。ある時は中野のカラオケボックス。仕事終わりに声をかけ合って集まる。時間は大体深夜か週末。なぜ地獄なのか、そこから普段どうやって逃げているか。アイスティーを何杯おかわりしたかわからなくなるほど時間を忘れて話し続けた。中野の出会いの会では、二人の会話のノイズになると思って自分の話はしなかったけれど、本当は彼らの言葉に心の中で首が痛くなるほどうなずいていた。僕自身、ずっとテレビ局とテレビという生き物にうまくハマれていない感覚があった。そこで、この打ち合わせでは「ネタを作るヒントになれば」という大義名分の下、存分にダメな自分をさらけ出した。

「会社のフロアで苦手な先輩がこちらに向かって歩いて来るのを発見した時は、いくら距離があろうとも必ずトイレに避難し、先輩が通り過ぎるのを待つ。時々、先輩が途中で寄り道をすることによって、トイレから出る自分と完全にタイミングが合ってしまい地獄の鉢合わせ」

「収録前、タレントやプロデューサーらで陽のオーラ溢れるロビーに行かなきゃいけない時は、風邪をひいてないのにマスクをする。口元が見えないので、目じりにしわを作れば簡単に作り笑い完成」（コロナ禍遥か前の技です）

「普段、破天荒な武勇伝を後輩に自慢し鬼才ぶる先輩D（ディレクター）が、さらに上の先輩Dの平凡な指示に完全に言いなりでダサい」(ただの悪口です)。

自分のコンプレックスが笑いに変換されていく。いつしか気持ちよくなって関係ない愚痴まで我先に吐き出す始末。

結果「安島はテレビマンっぽくない」という「褒め」か「けなし」かわからないコメントを二人からもらう羽目に(テレビマンにどんな印象持ってるんだ)。

一旦心を開いたら、陽×陽、陽×陰の組み合わせよりも何倍も急速に親しくなるのが陰×陰の組み合わせじゃないかと思う。僕たちは焦っているみたいに、距離を縮めた。

そして夜な夜な自分たちのダメっぷりを吐き出し合い、笑い合った。そのうちに、二人それぞれとの初対面で聞いた「テレビへの違和感と自分の実力不足」という共通した悩みを、軽くすることができている気がした。少なくとも僕は軽くなっていた。同じ弱さや痛みを持つ仲間と、心でつながり、言葉を交わすこと。自分が強くなったと勘違いできた時間だった。

ちなみにこの時、僕は編成部所属の35歳。職務は新しい番組企画を開発することだったので、このライブは本業とは関係なかった。元南キャンのマネージャーで、その頃はライブ会社を立ち上げていた片山さんにサポートしていただいていた。僕の企画演出料はなし。自分の中では「趣味の一環」だった。将来何かにつながるプランがあったわけでもなく、とにかく、山ちゃんと若林くんと自分が最高に笑った体験をまた味わいたい。お客さんにも味わってほしい。それだけだった。

ライブ開催日は2009年8月24日、会場は東京・下北沢の北沢タウンホールに決まった。座席数300ほど。出演者の熱もお客さんに伝わりやすく、お笑いライブには程良いキャパシティの劇場だった。この時は、12年後にまたこの会場でやることになるとは思ってもいなかった。

内容が固まってくる中、ライブのタイトルを考える必要があった。打ち合わせで楽しそうにエピソードを重ね合う二人の顔を思い浮かべたら、「たりないふたり」という言葉がすとんと落ちてきた。

社交性も社会性も恋愛経験もたりない。だが、そんなコンプレックスも二人一緒なら楽しくさらけ出せるし、それでいい！（ほんとはちょっとうらやましい）と開き直る山ちゃん＆若林くんの二人にピッタリ……いや、ちょっと待て。これはライブタイトルではない。ユニット名だ。つまり彼らを仮にも〝コンビ〟としてとらえることになる。もちろんお互いには、大切な相方がいる。

だけど頭からどうしても「たりないふたり」が離れない。

何よりあの二人はどっからどう見ても……同志だし、ライバルだし、将来的にはきっと親友、とひと口で言えないほどの関係になる……かもしれないし。正式なコンビではないけど、「ふたり」と括っていいんじゃないか。

何より他の誰とも代わりがきかない、この「ふたり」が揃ってこそ、「たりない」人間性を唯一無二の笑いに変えられるのだから。

山ちゃんと若林くん、別々に説明すると同じ答え。意外なほどあっさりと「いいすね」。

揺るぎない本業があるからこその、同意だったのだろう。

こうして山里亮太と若林正恭は、ここから先12年にわたり、本業とは別にこのユニット名を背負うことになる。しかし僕も含めた3人にとって、「趣味の一環」にしてはあまりに重い、人生を懸けた武器を携えてしまったことを、そしてこれが思わぬ明日を生み出すことを、僕たちは知らなかった。

2009年

地鳴りのようにウケた初ライブ

2009年8月24日。北沢タウンホール。

満員のお客さんが、正体不明、謎のライブの開幕を待っている。

控室で山ちゃんは、カリカリ。若林くんは、のんびり。

中野の古民家風居酒屋での会から3か月。積み上げてきた全てを披露する時。果たしてウケるのか？

二人の〝たりなさ〟を全開にした内容。それを、やりすぎにも思えるほど練りまくった構成でまとめた。果たしてお客さんはついてきてくれるのか？

そのためには、「自分もそう思う！」というお客さんの共感が欲しいが、その自信はまるでない。「皆さん、どうせ飲み会も、恋愛も、テレビもお好きですよね？　でも今日はどうかそれを一旦、横に置いてください」とお客さん一人一人に念押ししたいくらい。そんな不安を、貧乏ゆすりが度を越えてきた山ちゃんを横目にグッと飲み込む。僕がドキドキしている場合じゃない。

一方若林くんはスマホを見たり、斜め上の方向をボーッと見つめたりする、よくやる表情。いつも通りの様子。何なんだ、不敵にも見えるほど冷静なこの男は……。演出として「俺たちの笑い、見せつけてやりましょーや！」的な熱い声がけでもしなきゃ、と思っていたが、恥ずかしくなり慌てて飲み込む。

そしてついに開演。

ステージ中央にはスポットライトに照らされた漫才用のサンパチマイク。
出囃子が会場に鳴り響き、照明があおる。
お客さんは、大拍手の中二人が登場し、漫才が始まる……！　と思っただろう。
しかし会場全体が明るくなって浮かび上がるのは、正面を向いて座り、言葉を交わすことなくパソコンのキーボードを打つ二人の姿。やがてモニターに文字が流れ始める。

山里「まだ、漫才は無理だよね」

若林「そうですね、お互いのことわかってないですし」

お客さんは何が起こったかつかめず一瞬どよめき、軽い笑いが生じる。その後訪れた静寂。カタカタ……というキーボードを叩く音だけが響く。舞台袖で見守る僕。ここまでの反応は予想通り。勝負はここから……！

このオープニングは、僕にとっての「たりないふたり」のオープニングでもある、あの中野の古民家風居酒屋での二人の様子をイメージしている。横並びで座って僕を待っていたあの日の二人。無言だったけど、きっと頭の中のキーボードを高速で打ち続けていたはずだ。

ちなみに、二人はツイッターのアカウントを共同で一つ持っていて、ライブで打った文字はリアルタイムでツイートされる。このアカウントはライブに先駆けて開設。

事前に二人がツイートでやりあい、その内容を当日のライブで回収する演出だった。

そんな二人のやり取りを客観的に紹介したり、突っ込んだりするために僕もツイッターを始めた。ライブの事前盛り上げにも役立ち、宣伝手段を持たない自分の武器にもなった。動画配信サービスがまだなかった当時、会場に来ることができないファンの皆さんに、少しでもライブの雰囲気を味わってもらうためのサービスの意味合いもあった。

そしてツイートで、お互いの共通項が「飲み会が嫌い」な点だとたどり着き、「飲み会がいかに地獄か」「その地獄からどうやって逃げているか」を披露するトーク企画がスタート。ここまで来て、ようやく口を開いた山ちゃんの第一声。

「いやあー皆さん、飲み会は、地獄です！」

で、ドン！　とウケた。この第一声まで、ツイッターも含めて丁寧に振ってきた。でも、正直ここまでウケるとは思わなかった。お客さんの共感という糸を手繰り寄せた二人は、連日の打ち合わせで存分に語り合ったエピソードを、きっちり作り込んだ笑いにして披露していく。

増幅する笑いの渦。このままこのコーナーが終わって漫才突入か、と思いきや、またもツイッターブロック。

山里「まだ漫才はできないよね」
若林「はい。まだですね」

慎重な（疑い深い）人間性そのままに、まだ漫才ができる関係性ではない、とキーボードを打ち合う二人に笑いが起こる。

そして披露するのは、互いの妄想恋愛。座ってトークするのではなく、一人コントのような芝居も交じえて、「もしも自分が実在のある女優さんと付き合ったら……」という妄想を実演する。

たとえば、女優さんが恋敵の城に捕われ、山里が助けに行く。

たとえば、四万十川で病気療養する若林を女優さんが見舞いに来てくれる。

全ての役を彼らが一人で演じていく。その芝居と、突飛ながらどこかリアルなキャラクターやエピソードも重なる構成で爆笑が起きる。

こうして存分に引っ張ってようやく漫才。

これまでのツイッターや「飲み会から逃げる技」「妄想恋愛」のやり取りを気持ちよく回収。そして
山里「皆さん、飲み会から逃げてもまだ恐ろしい関門があるんですよ。二次会です」

若林「皆さんも苦手でしょう？　二次会から逃げる技をお教えしましょう」

とことん飲み会から逃げる「たりなさ」こそ正義で、おかしいのは「二次会には行くものだ」という世の中の常識だと訴える。ボケも突っ込みも明確にはない。彼らがおかしいのか、それともお客さんがおかしいのか。常識を揺るがせる辻説法みたいな漫才は圧巻のうちに終了。

ライブ時間は押しに押して3時間近く。異常な熱量のライブだった。

打ち上げ会場は下北沢のチェーンの居酒屋だった。

「あれだけウケたってことは、みんなほんとは飲み会が嫌いってことよね！」。次々

にジョッキを空けてご機嫌な山ちゃん。

「そうなりますよね。にしてもウケましたね」。落ち着いたトーンで充実感をかみしめる若林くん。

僕は、二人を引き合わせるべき、と勝手に感じた使命が形になったことにホッとした。

それと同時に、次の使命感に焦っていた。

「とんでもないものができてしまった……。この次、僕は二人のためにどう動けばいいんだ」と。

この「たりないふたり」こそ、彼らの「テレビへの違和感」や「実力不足」といった悩みを解消し、今後テレビやお笑いの世界で戦っていくための武器になるかもしれない。それに気づいているのはきっと、世界中で自分だけ……。

2012年

ライブをテレビに——僕の使命

下北沢での最初のライブは、とにかく凄まじいものができた自信があった。そしてこの「たりないふたり」こそ、山ちゃん若林くんが輝く武器になるかもしれない。僕の中で例の謎の使命感が発動した。自分がテレビ局の社員である以上、テレビ番組にしなければいけないと思い込んだのだ。

２０１０年代初頭、お笑いはどちらかというとニッチなジャンル。テレビには有名な芸人さんの冠番組はあったけど、現在のようにここまで多種多様なお笑いバラエティ番組はなかった。芸人さんには、番組企画の枠内で制作サイドが想定する役割を果たしてもらうことが多かった。ワイプの中でグルメ情報にリアクションしてもらう。

番宣ゲスト俳優がピリッとしないように程よくスタジオを盛り上げてもらう。僕も散々お願いしてきた。

いろいろと思うところはあるが、それも時には必要。ただし思考停止に陥って、テレビとはそういうものだ、と型にはまってはいけないし……とモヤモヤしていた。

そうした中、二人の人間性にベットした番組を作りたい、そんな路線のテレビ番組もあっていいと思った。何より、あのライブをそのままの純度と濃度でなるべく多くの人に届ける。二人の武器を作る。それが自分の使命なんだと。

まずは企画書を作成する。「人見知り芸人」という言葉すらない時代。企画書の採用可否を判断する編成部にも、ピンとこない内容だろう。なので、とにかく実績を嘘のない範囲で書き連ねる。

共にM－1グランプリ準優勝の言葉のスペシャリストにして猛獣使いの突っ込み、先日のライブはキャパ300人のところ申し込みが6000人。「たりないふたり」が生まれたきっかけでもあったライブ「潜在異色」を企画演出して実績を上げたことも、照れずにガンガン書く。新たな企画を通す時に熱さは欲しいけど、通す側が安心できる冷静な情報も同じくらい必要だ。

そして企画は通った。2012年4月〜6月、毎週火曜日深夜1時29分からの30分番組を全12回。この時点で放送終了後のDVD発売、大きな会場でのライブが決定した。ただし、その2点で収益を上げなければ、このプロジェクトは日本テレビとしては終了する。シビアな条件ではあるが、戦いのリングに立てただけでありがたい。

若林くんにはドッキリ的にカメラを回しながら、テレビ番組化を伝える。対面のスケジュールが取れなかった山ちゃんにはその後、電話で報告（俺にはカメラつかないんですね、若ちゃん優先ですね、とその後随分抗議された。改めて……深い意図はないです！）。

事前に二人に相談もせずテレビ番組化を進めるなんて、本当に乱暴で、申し訳なかった。心から喜んでもらえる、としか思えていなかったくらい熱くなっていた。

とはいえ一方では、若林くんがリアルに戸惑いながらも喜びをかみしめる、という映像も貴重だという計算もあった。後に発売予定のＤＶＤ特典に収録したり、ツイッターで流せたりする。新たな企画にはやっぱり熱さも、計算できる冷静さも必要、と言い訳するが、とにかく当てたかった。当たっている、という状況を嘘でも作りたかった。

宣伝担当の方の頑張りで、ありとあらゆる媒体に売り込み、取材をしてもらった。中には雑誌「ａｎ・ａｎ」で女性読者の人生相談を受けるという悪い冗談みたいな場も。若干戸惑い気味の若林くんに対し、お兄ちゃんスタンスの山ちゃんがスポークスマンを買って出て、よくしゃべってくれた。

とはいえ、取材の方に読者プレゼント用のポーチをいただいた時、若林くんの「……（すいません、興味ないです）」というリアクションとあまりに対照的な、山ちゃんの超オンモードのリアクションは忘れられない。

「ありがとうございます！　うわー、プレゼントしたいけど彼女もいないし……母ちゃんへのプレゼントにはさすがにあれですよね！　じゃあ……、僕が使うしかないですね！」。

この媚び方はスタッフ内でも賛否を呼びました（笑）。でも山ちゃんは、取材を盛り上げようとしてくれていた。自分のツイッターやラジオでも、何度も告知してくれた。「たりないふたり」のために、汗をかいてくれているのが伝わって胸に沁みた。（そのスタンスは解散まで一貫していた。改めて……感謝してます！）

だから僕は僕で、キラキラしたゴールデン番組の演出をやっている局員に頭を下げる。

「南キャン山里とオードリー若林がユニットを組んでて、『たりないふたり』っていうんですけど、ゲストで呼んでいただけたりしませんか？　頑張ると思うし面白いんで！」

「へーそうなんだ、考えとくよ」

その後連絡は来なかったけど、番組の都合もあるからしょうがない。

頭を切り替えて何でもやった。

「たりないふたり」を番組として続けるためには、収益が必要。ライブであればお客さんにチケットを売ればいいが、テレビ番組となると、諸々の兼ね合いでストレートにそれはできない。しかしテレビ収録を観覧する、いわゆるプロのお客さんを呼ぶと費用がかかる。

そこでオリジナルの番組グッズを販売する。購入してくれたお客さんの特典として、収録を観覧してもらう。これなら収録をファンに見てもらえるし、収益も上がるから一石二鳥。そんな仕組みを考えたら、日本テレビがいよいよお金がなくなり、一般の方からお金を徴収しているらしい……と悪意だらけのネット記事を書かれたりした。

だけど、喜んでくれる人が確実にいると信じていたし、そんなファンのために汗をかけば、ファンが支えてくれる。それは、すごく幸せな構図だと思っていた。

こうしてなんとか番組のインフラを整え、ようやく中身を作っていける段階になっていた。

しかし、そこには自業自得がもたらす地獄が待ち受けていた……。

2012年

汐留日本テレビ 28階B会議室で開かれる「ファイト・クラブ」

めでたくテレビ版「たりないふたり」の会議がスタートした。これまで、幡ヶ谷のカフェや中野のカラオケボックスでの打ち合わせだったが、汐留日本テレビの会議室に場所を移した。

若林くんが日本テレビ内にあるコンビニで和風しめじパスタとミルクティーをがっつり買いこんで登場。続いて山ちゃんが昼間のロケ先でゴシップをたっぷり仕込んで登場。

若林くんの盟友でその後も構成作家として助けてもらうことになるサトミツこと、どきどきキャンプ佐藤満春も鎮座する。

まずは山ちゃんの土産話を肴に、無駄話の花を咲かせること30分から1時間。

名残惜しいが「じゃあ、そろそろ」と僕が仕切って本題へ……。と書くと随分余裕がありそうだが、本当はめちゃくちゃ切羽詰まっていた。

それは、僕のせいだった。

企画を通す際「とにかく企画書に売り文句を書かねば！」と気負いすぎた僕は、「全12回、毎回新作の漫才をやります！」とぶち上げていたのだ。今なら「……と想定しています」くらいの逃げ道を書くのだが……全然冷静さがたりなかった。

しかも、低予算の中で収益を上げるには、番組収録という巨額な支出の回数を減らす必要がある。結果、一度に3本の新作漫才を収録することになった。

そんな収録を2週間の間隔で、計4回行う、という信じられない過酷さ。

なので、二人がそれぞれの仕事を終え、日本テレビの会議室に集合する夜10時過ぎから恒例の土産話は始まるのだけど、会議は深夜3時、4時まで続いた。「働き方改革」という言葉の欠片もない当時。空が白んだ頃に会議室を出ると、廊下には何人ものADさんたちが力尽きた体を横たえていた。

そのまま山ちゃんは、日本テレビの仮眠室で2、3時間眠り、毎朝のレギュラー番組「スッキリ」の〝天の声〟の見守り業務に入る。若林くんも他局の早朝ロケ参加のため、日テレ社屋に横付けされたロケバスにそのまま乗り込むこともあった。だけど、僕らの力は漲（みなぎ）っていた。

12本の漫才もただの新作ではなく、全て異なる漫才スタイルを生み出すことを目指した。ライブそのままの見せ方にこだわり、全ての回であの異常に凝った構成を踏襲した。それらが可能だったのは、二人も僕も共通して、やるとなったら病的なまでに詰めてしまう性分だったから。

長時間の打ち合わせでは飽き足らず、二人からは昼夜を問わずメールや電話で意見や提案が投げられた。時には急に、直接話したいから今から車で日テレに行く！　と告げられ、慌てて駐車場の確保に走ったこともあった。

僕は「たりないふたり」に憑りつかれていた状態だった。

まるで映画「ファイト・クラブ」のようだ。深夜、男同士が素手で殴り合う異空間に生きる意味を見い出し、昼間は会社でボーッとしている主人公みたいに。

夜通し漫才の構成を詰めた後、昼間はゴールデン番組のディレクターの一員。正直仕事は手につかない。会議中に誰かの、先輩に忖度した振る舞いを目にすると、「あ、これ『たりないふたり』で使えそう」と脳内にメモしたりして思いを馳せる。「早く夜が来ないかな……」。きっと会議中の目は死んでいた。

しかし夜になると、目元のクマは日に日に濃さを増すものの、目だけは爛々とさせたゾンビと化して会議室に向かう。するとあちこちからゾンビがフラフラと集まってくる。そしてまた夜通しファイト・クラブが開催されるのだ。

汐留日本テレビ28階B会議室は、今の自分のベースを作った場所。山ちゃん若林くんにとっても、それに近いのではないかと思う。

体はしんどい、でも気持ちは軽やか。

こうして、最初の収録日がやってきた。

2012年

テレビ化成功の裏で亀裂は生まれていた

最初の収録（3本撮り）の企画ブロックは、下北沢のライブをブラッシュアップしたものだった。

漫才は新作を3本用意。初めてお客さんに披露するからウケも心配だし、そもそもセリフも飛ぶことなくきちんとやり切れるのか……、本番前の山ちゃん（情けないことに僕も）の緊張ぶりも当然だが、対照的に若林くんが憎らしいほどの落ち着きっぷり。

ただでさえ時間のない中、漫才は作れたものの十分に稽古は積めずにいた。たとえ時間ができても、若林くんは「俺、稽古苦手なんすよー」と逃げていたのだが……。

山ちゃんが「あの子、神の子⁉」と口走ったほど。

しかし、迎えた本番では二人とも完璧な出来で、お客さんとの一体感もあり、ライブそのままを収録できた感覚があった。

そして放送が始まった。番組は平日の深夜1時29分からという放送時間にもかかわらず、話題を呼んだ。攻めた企画内容と、それをフリとして漫才に落とし込む二人の面白さ、凄まじさ。

「飲み会が嫌い」「ひな壇は嫌だ」「ワイプの振る舞いが面倒くさい」の訴えから「こんな地獄から普段どうやって逃げているか」をネタ化するまで練り込んで披露する。最後はその一連を回収する漫才、という僕らとしては定番の内容。テレビ化に当たり改めて是非を考えてもいなかったが、ひな壇・集団芸主流だった当時のテレビ番組に対し、完全なカウンターになっていた。

それだけではない。当時の社会は同調圧力真っ盛り。しかし、目上であろうと嫌だったら逃げてもいい、無理に合わせる必要はない。「こうでなくてはならない」という押しつけから距離を置こう……という正反対のメッセージを発信。同じような〝たりない人々〟へのエールにもなっていた。

そんなカウンターやメッセージになったことは、あくまでも結果的なもの。狙ったわけではなかった。

もちろん多少のハレーションはあった。僕は先輩に「あれはテレビとしてよくないよ」とか「お前の言うことを聞くから、あの二人といるんだろ？」とか嫌みを言われた。二人も強面が売りの芸人さんに強めにいじられたりしたらしい。今でこそ、「たりないふたり」の言動にいらつく人がいるのも当然だよね、と若林くんと振り返ったりする。無自覚に、彼らを攻撃していることにもなっていたから。

だけど当時の僕らはそんな〝向こうサイド〟の立場を考える余裕もなく、せっかくつかみかけた武器を奪われたくない、と必死に企画と漫才を作り続けるだけだった。

ただ、亀裂はゆっくりと内部で始まっていた。

いくら通じ合った仲間でも、モノづくりのために長い時間を共にするとひずみは生じる。

汐留で会議が終わると、山ちゃんと帰りが同方向の僕は、同乗したタクシー内で若林くんへの愚痴を聞くことが多かった。たとえば、若林くんが漫才の稽古に付き合ってくれないことがストレス……みたいな話。

一方、若林くんと帰りが同方向の構成作家サトミツは山ちゃんへの愚痴を聞く。たとえば、山ちゃんが稽古にこだわるのが意味わからない……みたいな話。それを僕とサトミツで共有し合い、次の打ち合わせに向けて二人をどう持っていくか、なんて相談をこそこそすることもあった。

自分も含め登場人物が全員面倒くさいから、しょうがなかったんです。

ライブでやった企画は初回の収録で使ってしまったので、次の収録に向け新しい企画と漫才を3つ生み出す必要があった。人気者の二人は相変わらず忙しく、時間は限られる。焦りはあった。そんな中で、漫才の作り方に変化が表れた。

初回の収録までは、ボケ、突っ込みの役割が明確に分かれておらず、二人が世間に持つ共通した違和感にそれぞれのワードで突っ込んでいくスタイルだった。台本作りの工程は、会議内容を踏まえて山ちゃんが全体の流れを作り、若林くんのセリフ箇所が空欄状態で渡されて、その空欄を次の会議までに若林くんが埋めてくる、という流れだった。

つまり、漫才の設計図は山ちゃんが書いていた。同年代だけど世に出たのは山ちゃんが先で、元々若林くんは山ちゃんに憧れていたという背景もある。

最初の変化は、山里突っ込み、若林ボケと役割を明確に分けたこと。若林くんから「自分はボケの方がやりやすい」と提案があった。オードリーでも元々はボケ担当だったたし、突っ込みは山里さんの方が遥かに上だから、というのが理由だった。

次の変化は、山ちゃんが作った台本への若林くんのリアクション。

山ちゃんの「ここ若林くんのセリフ空けといたから、こんな感じで埋めてもらって」という言葉に、「なるほどなるほど」といった生返事が目立つようになった。

「そーっすねー」と言い始めたら上の空。別の内容を考え始めている顔をしている。

山ちゃんが、そんな若林くんの表情をチラッと見る。

するると会議が解散した後、若林くんから電話がかかってくる。

若林「さっき○○って話だったじゃないすか？　俺、××の方がいいんじゃないかと思うんすけど」

安島「(だったらなんでさっき言わないのよ！　まあ、山ちゃんに直接は言いにくいか……にしても、そっちの方が面白くなりそうだ) なるほどなるほど」

若林「××だと展開が中途半端ですかね？」

安島「だったらその方向をもっと広げて△△ってパターンはあるかな？(やばい、僕も新たな提案をしてしまった)」

若林「あ、それいいっすね」

安島「じゃあ、次の会議で、僕がその場で思いついた体で山ちゃんに話すよ(あーあ、話が変わってしまった……)」

会議では山ちゃんも僕も、若林くんの「こんな方向性の漫才の中で、こうボケたい」という発想を最大限尊重するようになった。それは実際、しびれるほど面白かったので。

そして最終的に漫才台本の作成は、そんな会議内容をサトミツが議事録も兼ねてまとめてくる、という方法に落ち着いた。

ボケを担う人間が熱と信念を込めて「面白い」と語る内容は強い言霊になって、理屈抜きに舞台上ではねる。そのことを僕は肌で感じていたし、誰より理解していたのは山ちゃんだったと思う。だから山ちゃんは、時々若林くんが僕と裏で話して方針を変えたり、会議で僕が芝居じみた振る舞いをしたりする理由に気づいていただろうけど、何も言わなかった。辛かったと思う。

一方若林くんの「突っ込みは山ちゃんが上だから」という言葉もM－1グランプリ準優勝オードリーの突っ込みであり、バラエティでも突っ込み役としてスタジオを回す役割であるプロとしては辛い選択だったと思う。同じ突っ込みとして憧れてきた山ちゃんへの遠慮もあったのかもしれない。

だからこそ自分はボケに回り、山ちゃんが担えない部分で「たりないふたり」に貢献しようとしていた。

その結果、「たりないふたり」の漫才が爆発的にパワーアップしたのだ。つまり、こういうことだったと思う。

若林くんが突っ込みをやめてボケになるということは、普段の彼が相方を生かすために必要とする、全体を見通すクールさが不要になる。自分のエゴを遠慮なく発揮していい立場になって初めて、そもそも若林くんの内にあった狂気的な部分が解放された。それにはそんなクレイジーな自分を完全にゆだねられ、信頼できる突っ込みの存在・山ちゃんが必要だった。

山ちゃんにしても、役割は南キャンと同じものの、漫才のボケを作るブレーンではない。だから若林くんの内から出るぶっ飛んだボケは山ちゃんの想像の範囲外。本気で振り回され、追い詰められた。そのおかげで元々、鍛錬して身につけたワードセンスある突っ込みが強みだった山ちゃんに、その場の感情で突っ込むという新たな武器が加わった。山ちゃんがよく「『たりないふたり』で漫才すると『おい！』とか『なんでだよ！』と怒鳴ることが多いので喉が枯れる」と言っていたほど。

二人とも天才だった。タイプの違う天才。

若林くんは枠組みを作る天才。山ちゃんはその枠組みを何倍にも広げる天才。

この漫才の爆発は、そんな天才と天才が互いを補い合って生じた化学反応だった。そんな風に漫才はさらに迫力を増したものの、互いへのリスペクトと敗北感が繊細に絡み合っていた二人。たとえば山ちゃんからしたら、自分がリードしなくなった漫才がどんどん面白くなることに、複雑な思いもあっただろう。だから会議で直接ぶつかりたくないだろうし、僕はそんな摩擦を生まないようにすることが二人への愛だと思っていた。そしてなんとか、「たりないふたり」を続けたかった。二人も僕もまだ若くて、面白いと思うものを作ることにやたら純粋で、臆病だった。

もしかして僕の気にしすぎで、事態をややこしくしただけかもしれないが……。

だから、なのか。

この時はこの程度で済んだひずみが、10年後に決定的な亀裂となって襲いかかってきたのだ。

2012年

12本目の漫才

最後の収録の前に小さな事件があった。

山ちゃんが「神の子」と譬えるほど、本番前の若林くんが落ち着いていた秘密の理由を、収録後の飲み会でサトミツがうっかり漏らしたのだ。

それは、サトミツに漫才での山ちゃんのセリフや言い回しを完コピしてもらい（オードリーでは春日の代役もこなすサトミツは、プロ級コピーロボット！）、事前にたっぷり稽古したが故の余裕だということ。

それを聞いた山ちゃんはニヤニヤして、「やっぱり人の子だったね」と当たり前のことを言って溜飲を下げていた（笑）。

若林くんとしては、「山ちゃん本人との稽古をやりすぎて新鮮さを失いたくない」のがその理由。一方山ちゃんとしては、「徹底的に稽古をやり込んで新鮮どうこうのレベルを超えちゃえばいい」という思いがあった。二人の漫才師としての哲学の違いだった。

この3か月あまり、二人と内臓を見せ合うくらい向き合った結果、二人の間に埋まらない溝が見えた。僕はその溝こそ自分が演出し、エンターテイメントにするべき部分かもしれない、と思い始めていた。

最終回は、ここまで毎回「いきなり漫才はできない」とツイートすることから始めた二人が、冒頭から30分ノンストップで漫才をする構成を考えた。「これまでの回を通じて関係性が深まったから」いきなり漫才ができるのだ、と。

これ自体がここまでの放送の伏線の回収なのだけれど、漫才の内容もずっと披露してきた「嫌なことから逃げる技」を振り返りながら回収していく作り。構成は順調に固まっていった。

僕はこの漫才の最後に、山ちゃんが存在を知らないブロックを作りたいと思った。それは、若林くんが僕には繰り返し語っていた山ちゃんへの感謝。山ちゃんと出会う前、売れなくても芸人を続けられた大きな理由の一つが、テレビやＹｏｕＴｕｂｅを通じて知った、自分と似ていると思えた山ちゃんの存在。出会った後、「たりないふたり」で自分が突っ走ってこられたのも山ちゃんが助けてくれたおかげだ、と伝えるブロックだ。

若林くんが山ちゃんには決して言わないし、言えない本音。だが漫才の設定の中なら伝えられると思った。そして二人にリアルな溝があることが何らかのフリになって、漫才中に生々しい感情が浮き出るかもしれない。そうなったら、計算した構築が特徴の「たりないふたり」に、新たなエッセンスが加わることにもなる。

「それだったら、まあ、ありっすかね……」

提案に、乗り気ではない様子の若林くん。僕の演出として何か仕掛けたいというエゴなのだろうか？　と揺れたけれど、いやいやこれは彼の照れなんだ……と思い返して引かなかった。さらに「お笑いなのにあまりにもウエットじゃない？」と邪魔してくるもう一人の自分もいた。いやいやこれは、「たりないふたり」でしかできない演出なんだ……とこいつも追い払った。

そして本番。恒例のツイッターもトーク企画もなく、いきなりの漫才スタートにお客さんは大いに沸く。こちらが3か月丁寧に振ってきたのが一発で伝わったことに、いきなり熱い感情がこみ上げてしまう。

3か月を振り返りながら全てを回収していく漫才は面白いほどにウケ続け、会場全体が揺れる。異様な高揚感の中、最後のブロックへ。

「人生で様々なことから逃げてきたが、どうしても逃げられないものがある。それが『子ども』との関係性だ」と若林くんが設定を振り出す（二人にお子さんがいる今となってはこの設定自体が胸熱）。

山里扮する父親が、それまで披露してきた逃げ技で若林扮する息子に対処しようとするがうまくいかない。そして「成人した息子が、今日で父の元から巣立つ」という漫才の展開に沿って、若林くんが山ちゃんに語りかける。

若林「あなたの姿勢が、自分にとって勉強になりました」

その真剣なトーンに、会場の揺れも何か異変を感じたように止まる。

驚いた山ちゃんが「何だ……それは……」と必死に返す。

若林「2009年から始まって、今回もいろいろ大変でしたが……。

　　あなたがいたから、自分みたいな者がやってこれたんだと思います。

　ありがとうございました」

サンパチマイクの前だから伝えられる真意もある。山ちゃんが意図に気づいて顔を歪め、涙を浮かべる。

舞台の袖にいた自分も目頭が熱くなった。そしてそれが決壊したのは、感謝を伝えた若林くんの目にも、光るものがあったからだった。二人の生の感情が、構築された漫才を飛び越えてほとばしっていた。たとえ溝が明らかになっても出会えたことへの感謝という真心は揺るがないことが、より二人の天才漫才師を震わせている。

僕は危うく嗚咽しそうになったが、漫才はここからオチへと急滑降するタイミング。もうすぐ着陸予定だが、大丈夫か？　グッとこらえて見守ると、若林くんは見事にオチを決め、山ちゃんも当然のように美しく突っ込んで最終回の漫才は終わった。
その時の二人の涙は本物で、感情は激しく波打っていたはず。だけど空中に放り投げられた感情のボールの軌道を、二人は冷静に見極め、息の合ったコンビプレイでゴールを決めたのだった。自分たちの感情のエネルギーを爆発させた上できっちり制御する、というあまりに凄まじい天才ぶりだった。

漫才の後は、会場のお客さん全員に紙コップを配り、お茶を入れて乾杯をした。
二人の天才は信じられないくらい不器用だけど、それに負けないくらい愛があった。
そんな彼らとお客さんと一緒に「たりないふたり」を作り上げられた充実感。
こんな仕事を一生続けられたら幸せだと思った。
そんな夢は叶いそうになるのだが、新たな苦しみもまた生まれることになる。

2014年

不安だらけのセカンドシーズン「もっとたりないふたり」

「たりないふたり」は全12回の放送を終え、DVDボックスが発売された。さらに2012年8月「たりふたSUMMER JAM '12」と銘打って、あえてポップなフェスをイメージしたライブを開催。中野サンプラザで全3ステージ、計6500人のお客さんを動員した。この様子を収録したDVDも発売。こうした一連の活動が話題を呼び、番組開始当初に設定された収益のバーもクリアできた。

その好結果を受けて、2014年4月、全12回の放送でセカンドシーズン「もっとたりないふたり」がスタートする。

望んでいたし、あの充実感をまた味わいたいとも思っていたが、かなりの不安要素をはらんでもいた。

そもそも前回のテレビ版「たりないふたり」で、毎回違った企画や漫才を作り、内容的にやり尽くした感があった。そんな中で、二人は「たりないふたり」放送時よりもさらに売れて忙しくなった。加えて、仕事の内容もスタジオパネラーやロケレポーターからMCへとポジションが上がっていく過渡期だった。番組の顔としてかなりの責任感とプレッシャーを背負うはずで、その負荷は単純な拘束時間だけでは測れない。この状況では前回のように、深夜まで一緒に頭をひねることは物理的には難しそうだった。

もっと不安なのは、二人の「たりなさ」へのスタンスが異なってきたこと。

山ちゃんは変わらないように見えた。MCになって飲み会に誘われる機会も増えたが、相変わらず行かない。インスタに空の写真をあげる自意識強め女子はやっぱり好きじゃない。

一方若林くんは、変わったように見えた。MCの仕事を円滑にするためなら、飲み会にも行く。そして、今まで言わなかったんですけど……と恐ろしい前置きをしながら「そもそも自分は浮世絵の画集を買う男なんです。これって自意識出ちゃってませんか？『たりないふたり』の会議でいじるような対象じゃないですか？」と「たりない爆弾」を投下したのだ。

確かにそうかもしれない。浮世絵の画集を買う男が、インスタに空の写真をあげる女子をいじるのって変じゃない？となる。え、ということは、たとえば以前はいじっていたスタバのオープン席でこれ見よがしにＭａｃを広げている男性。今後もいじるの？いじらないの？そもそも僕たちにとって何がたりていて、何がたりていないってことになるの？と制作チーム内でも答えが見えない「たりない論争」が勃発し右往左往。よくわからなくなった。

これまで「たりないふたり」の漫才や企画を作ってきた源泉は、山ちゃん若林くんに共通する「世の中への違和感」。しかし前提となる二人の価値観が違ってくると、途端にネタが枯れてしまった。

これはしょうがないことだし、二人が変化することもしないことも、間違いではない。お互いが嫌いになったわけでもない。むしろ好きになりすぎて、嘘がつけないし相手の嘘を許せない状態になっていた。

一体どうすればいいのか……。先行きが見えないまま始まった不安なシーズン。しかし、そんなピンチが、チャンスに変わることになる。

2014年

俺のこと凡人だと思うなよ

そして本格的に始まった「もっとたりないふたり」の会議。

新しいスタイルの漫才を生み出して構成をガッチリ詰める時間はない。二人の「たりなさ」への目の付け所も異なるから、以前の「飲み会って本当は嫌じゃない？」みたいな世の中に問いかけるような企画も生まれにくい。

ただ相変わらず、打ち合わせの時間は楽しい。こんなボケで、こんな漫才がやれたらいいよね……。

散発的ではあるが、漫才作りの会話は盛り上がっていた。

そこで、僕が提案したのが即興漫才。

この打ち合わせ自体を本番の舞台上でやってしまい、そのまま無理矢理にでも漫才を披露する。このやり方なら、世の中をどう切り取るか？　みたいな目線はあまり必要ないだろう。ストレートなボケと突っ込みで十分。とはいえ無謀にも思える試みだが、あえてアドリブ展開を入れた「たりないふたり」の最終回の漫才の記憶が後押しした。二人ならその場で生まれた小さな笑いのボールも、大きくなるまで転がしてゴールに持っていけるはずだ。

振り切ったアイデアだったが、二人はこの賭けに乗った。正直、あの状況を切り抜ける他の手は誰にも浮かんでいなかったと思う。

ライブ形式の収録がスタートする。ステージ上にはテーブル、椅子とホワイトボード。打ち合わせ時の殺風景な会議室をほぼ再現。

山里「えー今から40分ここで漫才作りの会議をしてくれと。使えそうな内容はホワイトボードにメモしてもいいと。それで40分後そのまま漫才を披露するってことなんですよ」

趣旨説明で起きる笑いとざわめき。そんなこと本当にできるの？　とお客さんの疑問と期待も高まっているのが伝わる。

若林くんが「いやー無理でしょー」とぼやきながら、おおよそ漫才とは関係なさそうな雑談をして、時間がないと焦る山ちゃんに怒られる……。そんな「たりないふたり」らしい幕開け。その場のノリで生まれた展開案や、展開案にも満たない単語がホワイトボードを埋めていく。いずれもポイントのメモでしかなく、これでは一本の漫才にはなりそうもない。

まさに普段の打ち合わせみたいな楽しい雰囲気だが、時間経過と共に二人の顔にリアルな焦りの色が浮かぶ。

40分後、冷酷なゴングが鳴った。一旦舞台上からはけた二人は、さっきまで着ていたTシャツにジャケットだけ羽織った状態で再登場。そして漫才がスタートする。さすがに打ち合わせ内容は記憶できないから、メモを書き連ねたホワイトボードを彼らの目線が入るところに置き、困ったら見ていいというルールだ。

そんな無茶苦茶な状態で始まる漫才だが……、とにかく爆発的に面白かった。

超ざっくりな構成を元に、ホワイトボードの言葉を見事に流れにはめ込んだり、お客さんの予想を裏切って違う解釈で使ったり。

全てはその場で生まれていた。ボケ・若林くんがシェフのようなひらめきで言葉の切れ端を調理し、突っ込み・山ちゃんがアスリートのような瞬発力でその料理に名前を付けて完成させていく。時にはボケも突っ込みも空振りする。だけどそれはそれで味がある。

二人が持つ世の中への違和感を丁寧に紡ぎ、稽古を通じて深め、精巧に構築したものを見せてきた「たりないふたり」に、即興性という新たな武器が加わった瞬間だった。それは、二人が顔を合わせたら、お互い理屈抜きに湧き上がる衝動のような、熱い塊だった。

時間のなさとスタンスの違いから、苦肉の策で挑戦するしかなかった即興漫才だったが、何かを失うと何かが生まれる。プラスもマイナスも、表裏一体だと知った。

しかし即興漫才というプラスの直後に、早速マイナスの波がやってきた。

山ちゃんの若林くんへの〝嫉妬大発動〟である。
そもそも、「たりないふたり」の漫才の骨組みを作ってきた自負がある山ちゃん。その後、ボケと突っ込みの役割分担が明確になったことをきっかけに、ボケの若林くん主導の作り方に変わり、プライドがぐちゃぐちゃになっていたはず。さらに即興漫才では、どうしてもボケ役の若林くんの発想力が際立つ（と山ちゃんは思っていた）。それ故、突っ込み役の自分の存在価値が揺らいでいると感じていたようだ（全くそんなことはないのだが）。

夜な夜な山ちゃんが荒れていると聞いた僕は、最近山ちゃんとよく飲みに行くというディレクターに、即興漫才の収録終わりでカメラを回してもらうことにした。

翌日。映像を確認すると映っていたのは、カウンターでハイボールをあおり、顔を真っ赤にして「俺のことを凡人だと思うなよ！」と吠える山里亮太の姿だった。

一瞬あっけにとられたけれど、次の瞬間笑ってしまった。

この山ちゃんの言葉は、ディレクターの「若林さんに言いたいことありますか？」という問いに答えたものだった。どこまで若林くんを意識してるんだ！　どこまで若林くんが好きなんだ！　そしてそれを恥ずかしげもなく露わにできる山ちゃんは呆れるほど面倒くさくて、匂うほど人間くさい。それは何より、「面白い」ってこと。

もはや、社会の何がたりない、たりてるなんてどうでもいい。山ちゃんの嫉妬大発動こそ、たりなさを煮詰めたようなコクがある。このマイナスもプラスに変えて、魅力溢れる二人の天才の生き様をそのまま見せようと思った。

「たりないふたり」が、いよいよドキュメント性を帯びてきた。

2014年

「たりないふたり」封印

山ちゃんと若林くん。二人の魅力と生き様を、演出の手数を加えず、なるべく生のまま見せたい。そして生まれたのが「ネタ帳」の回だった。

二人とも売れる遥か前、駆け出しの頃からつけていたネタ帳。そこには、実際のネタはもちろんのこと、芸人として日々苛まれる焦りや悔しさを始めとする負の感情や、苦しい現状を抜け出せるかもしれない気づきなどの希望といった、自分以外の誰にも見せたくない本心が綴られているはずだ。

収録前。二人がそんなネタ帳を交換する。そして読み込んで、気になったり真意を聞きたいと思ったりした箇所に付箋をつけておいてもらった。

本番。それぞれが相手のネタ帳でピックアップした部分をカメラに映し出しながら、いじり、質問していく。ここまで、僕らスタッフは介在していない状態が続く。彼ら以上に、互いの芸人としての喜びや悲しみを理解できる人間はいない。だから二人にお任せした。

Ｍ－１グランプリ準優勝という輝きをつかむまで、同じようにもがき、苦しみ、傷ついてきた。そしてひょんなことをきっかけに訪れる、自分だけの漫才を見つけた瞬間。それは持たざる若者が、閉ざされた未来をこじあけるカギを見つけた瞬間。互いのその瞬間をプレイバックしながら、自分のことのように興奮し、称え合う二人。同じ傷を持つ者同士だからこそ誰より互いがわかるのだろう。一方、似ていれば似ているほど、近ければ近いほど、自分と相手の１ミリのズレも、許せなくなるものかもしれない。

二人が、その過去を優しく振り返る場を作ることができてよかった。その満足感と共に、たとえギスギスしながらでも、新しい未来を開く作品を生み出したわけではないさみしさも抱いていた。

そして、セカンドシーズン「もっとたりないふたり」は終了。

2014年8月。

旧・渋谷公会堂を舞台に、前回同様6000人を集客するライブを敢行した。

その名も「たりふたSUMMER JAM'14~山里関節祭り」。若林くんによれば、「山ちゃんは本当は強者なのに、あえて弱いフリをする。相手を油断させて下から関節技を決めることを狙っている」という山ちゃんの人間性を徹底的にネタにしたもの。

オープニングは神輿に乗った山ちゃんの登場。オリジナルの音頭とそれに合わせた振り付けの踊りを作り、文字通りお祭りになった。最後は、この一本はやり抜こう、と決めて練り上げた長尺漫才でライブを締めた。

テレビ番組「たりないふたり」と「もっとたりないふたり」を全12回ずつ。6000人動員のライブを2回。当時の二人の全てをフルに出してもらってなんとか走り切った感覚があった。しかも「たりないふたり」という二人の人間性に寄ったユニット名を付けたせいで、彼らの内面を映し出さない漫才はやりにくくなってしまった。いや、やろうと思えばできるのだろうが、なんだか歯ごたえを感じなくなってしまった。

山ちゃん若林くん、そして僕にとって、ここは居心地が良すぎた。理解し合える分、甘えあってしまう気がした。当時のテレビ界は「ゴールデンタイムで世帯視聴率を取って初めて認められる」時代。二人には、この「たりないふたり」を武器として、僕らが理解できない怪物がうごめくテレビという世界で戦ってほしい。厳しい戦いかもしれない。僕みたいに、二人に寄り添いすぎるスタンスの演出家はかえって邪魔になるだろう。

それは僕にとっても同じ。そろそろ深夜帯で自分好みのお笑い番組を作るだけではダメだ。山ちゃん若林くんという同志の存在に甘えず、ゴールデンタイムという戦場に立つ必要があった。

正直、足はガクガク震えていた。だから、つい逃げてしまいそうになる居場所「たりないふたり」を封印した方がいい、と思った。それぞれバラバラになって、辛くても歯を食いしばるべきなんだ。二人のためにも、僕のためにも。正直、復活は考えてはいなかった。

第2章

夜明け前の人気芸人と、たりないテレビ局員

1996年～2009年

1996年

私はたりない
テレビ局員

改めまして、よろしくお願いします。

1973年生まれ。2023年で50歳のおじさんど真ん中。だけどその半分以上に当たる27年のテレビ道は、ほとんど端っこを歩いてきた。

当時の子どもで僕みたいな「テレビ好き」はど真ん中だった。小・中学校時代は「8時だョ！　全員集合」「オレたちひょうきん族」「加トちゃんケンちゃんごきげんテレビ」「夢で逢えたら」。高校・大学時代は「EXテレビ」「ダウンタウンのガキの使いやあらへんで！」「ダウンタウンのごっつええ感じ」。テレビの世界では多種多様な面白さを持つ芸人さんが、漫才やコントやロケにトーク……、様々なジャンルで魅力を爆発させる姿に心魅かれていた。

だけど「自分が芸人になる」なんて無謀な夢を持たなかったのは、自分がウケた、笑いを取った、という体験がほぼなかったおかげだ。小学生の時、ギャグみたいなフレーズを考えた。しかし、自分が言うより、そのフレーズをパクったクラスの人気者の方が笑いを取っているのを、なぜだろう、と思いながら眺めていた。

そして「裏方」に目覚めたきっかけとなった経験がある。小学3年生の時、抽選のはがきを何度も出した末、「全員集合」の公開生放送の観覧に当選。観覧したネタは、志村けんさんが客席を向いているとお化けが出てくる、「志村後ろ!」コントだった。

実際に会場で見ると、テレビで見る以上にお化けが出る時の恐怖感が増し、その分、お化けが消えて志村さんが後ろを振り向くと、ホッと安心して笑えた。父親に聞くと、それは照明や音楽のおかげで、それらを扱うスタッフがいるからだよ、と教えてくれた。なるほど、こっちのパートなら、もしかして自分もお笑いの隅っこに関われるかもしれない、とぼんやり思った記憶がある。

とはいえ大学生になり、テレビ局への就職をリアルに考えた時、自分には難しいと思った。本来、社交性がない、明るくない、要領が悪い……。そんな、テレビマンにとってマイナス要素に思えるコンプレックスだらけの、「たりない」人間だったからだ。

こんな「陰キャ」では、「陽キャ」の巣窟であるはずのテレビ局への就職は無理だと焦った僕は、チェーンのカフェやファストフード店での接客バイトで、自分を矯正しようと試みた。「あらゆる人に好印象を持たれ、テキパキと仕事をこなせるバイトリーダー」を目指したのだが、どこも3か月と続かなかった。

お客さんからアイスコーヒー、アイスラテ、レタスドッグ、ミラノサンドと複数の注文を受けたら、何から手をつけていいかわからない。レジでお客さんが財布からお金を出そうと手間取っている時、どういう顔をしていいかわからない。テレビで見聞きした、できるADさんのイメージ〝手際も愛想もいい〟にはほど遠い。

就職活動の際、切羽詰まった僕は自分に「テレビ局員っぽい」陽キャの設定をつけた。根本は変えられなくても、表面上のキャラクターならなんとかならないか。嘘にならない範囲で、リアルな自分を10倍ポップに演出。面接では喜怒哀楽をわかりやすく表現し、若者らしく快活に前向きに。面接官のダメ出しコメントの98％はグッと飲み込み、残り2％はちょっとこいつ骨あるな、と思ってもらえる程度の角度ある風な反論をし……。こうした自己演出で乗り切って、なんとか日本テレビに滑り込むことができた。

今思えば面接官の方にはバレていたのだろう。

だけど、拙いとはいえ「自分の見せ方」を練っている学生なんだな……と面白がってもらえたんじゃないか。全くの推測だけど。

そしてテレビ局に入社。めでたく番組制作の道を歩き始めたのも束の間。やっぱり自分には無理だ、と改めて思った。憧れてきたテレビの世界は、多彩な面白さで溢れていたのに、自分の色眼鏡を通してみると、当時の作り方は「こうあるべき」が強すぎると思った。正解は一つで、それ以外の存在は許されない世界に感じた。

そんな世界の中心にデンと座るのは、声が大きくて仕事がテキパキできる、ちょっと年上のマッチョな先輩。

そんな主に対して気を遣えない。ノリも、段取りも、フットワークも、全部悪い……。これらは致命的だった。確かに僕だって本当に全力でやれば、全くできなかったわけではない（と信じたい）。

ただ、自分よりも圧倒的にそれらに秀でた人に惨敗していく中で、「どうせアイツは先輩に媚びを売ることしかできない」「どうせこんなことが得意でもクリエイティブには関係ない」と心の内でバカにすることで、一生懸命自尊心を保っていた。

「あれこれ考えずに、サラリーマンは大きな声で元気を出して、とりあえず動け！」と説く自己啓発本を目にする。それができたら楽だし正しい、と頭では理解できる。でも、失敗して恥をかきたくない、無様な格好を見せたくない。そんな自意識でガチガチに縛られて一歩を踏み出せない人間もいるんです（この本はそんな人に読んでいただけたら嬉しいです）。

「自分には無理だ」と思ったのは、もちろんノリが合わないことだけではない。

偉大な演出家の、切れ味ある演出を目の当たりにする度、自分もできるようになるのか、不安になった。たとえば、ＡＤとして配属された「特命リサーチ２００Ｘ」の総合演出・吉川圭三さん、財津功さん。会議に提出されたいまいちイケてない台本を、お二人が中身の順番を変えたり、フリの文言をつけたりするだけで、素人目にも面白く生まれ変わる。「構成」の奥深さに初めて触れた経験だった。

入社5年目、27歳で番組制作部門から人事部門・労務部に異動になった。自分はやはりテレビマン不合格だとジャッジされたんだ、と落ち込んだ。

新しい部署は別業界のように仕事内容が違う。優秀な先輩にエクセルの使い方を一から教わり、労働時間と賃金の計算式を入力して表を作ることから覚えた。

しかし作業が遅く間違いも多い。謝ってばかり。この職場でも使えない自分……。ここまでなんとなく引きずってきた陽キャ設定も限界。しんどくて自分のデスクにいられない時は、たびたびトイレに立ち、個室の便座に座ってしばしボーッとする。自分では、そうやってなんとかメンタルのバランスを取っていたつもりだったが、アリバイのためにこまめに手を洗う様から、「安島は潔癖症」との噂がフロア中に立つことに。

落ち込んだ挙げ句、ようやく気づいた。自分はとにかく何か面白いものを作りたいのだ、と。ノリは合わない。実力もたりない。センスがあるかなんてわからない。それに部署が違うからそもそも番組を作る資格がない。だけど本気で探せば、自分にも作れるものはあるはずだ。もし無様に失敗したとしても、そのためなら、動ける。

悩みや迷いよりも27歳の若さが背中を押した。毎日会社を定時で飛び出し、映画専門学校に通い始める。受講生の中でただ一人スーツ着用の気恥ずかしさを乗り越え、自主映画を作りたい！　と野望に燃える。

そんな中、自分の人生を変える知らせが舞い込んできた。

端っこ人間ならではの、でも、「たりないふたり」にもつながっていくリスタートだった。

1998年

ラーメンズとの出会いから「君の席」へ

自分の人生を変えたのは、ダメ元で出した企画書が通ったという知らせ。

番組制作はできないけど、DVDの制作ならできるかも……と一縷の希望を持って、グループ企業のパッケージメーカーVAPに出した企画書が通ったのだ。

それはバナナマン（設楽統、日村勇紀）、ラーメンズ（小林賢太郎、片桐仁）、おぎやはぎ（矢作兼、小木博明）という3組の芸人がユニットを組み、オリジナルDVDを制作するとともに、連動してライブも開催するという企画だった。

この3組のうち、最初に知り合ったのが、ラーメンズの二人だった。

それはまだ僕が労務部に異動する前、ADをしていた25歳の時のこと。編成部の金田有浩さんという先輩が立ち上げた「笑いの巣」というネット企画に参加したことがきっかけだった。

若手芸人と若手ディレクターがタッグを組み、動画を制作し、週1回ネットで公開。そこに付いた「いいね！」の数でランキングが作られるというもの。どの芸人と組むかはディレクターに任される。僕は、ずっとやりたかったお笑い、しかも同世代の芸人と共に作品を制作しながら成長し、ゴールデンタイムを目指す！　というストーリーにワクワクした。

とはいえ、心当たりの若手芸人さんもいなかった。

金田先輩は常々、「テレビマンはどんどんいろんな人に挨拶して名刺を配って、チャンスをつかめ！」と言っていたが、僕は内心「あなたは絵にかいたような陽キャだからできるんだよね……」と思っていた。だけど仰る通り。尻込みしている場合じゃないと思い、まずは渋谷にあったシアターDという、連日お笑いライブを開催している劇場に足を運んだ。

支配人の矢野Jr.さんにご挨拶する。金髪でちょっと強面の矢野さんにビビりながら、自分は日本テレビの者で、こういう企画で若手の芸人さんを探しています、と相談した。お渡しした名刺をじっと見ていた矢野さんは「ちょうど今日のライブで、このコンビ面白いなーっていう芸人出てきますよ、よかったら見ていって」とぶっきらぼうだけど優しく言ってくれた。いったいどんな芸人さんなんだろう？　胸が高鳴る。

ライブが始まり、何組かの芸人さんのネタを見る。どの組も面白い。ウケている。彼らの存在を知らない勉強不足の自分が情けないし、こんな面白い人たちですら一般的にはまだ知名度がない現実に、お笑いという世界の分厚さと厳しさを思う。

そして何組目かに背が高く、独特の雰囲気を持つコンビが登場すると、劇場の空気がサッと変わった。それがラーメンズだった。

向き合って座った二人。無言。結構長い沈黙が続く。どうやら観覧車に乗っている、という設定らしい。観客を制圧するような緊張感と存在感。その世界にすぐに引き込まれた。そこから展開されるネタの面白さは、その時の自分には正直理解し切れていなかった。だけど二人に完全に心を奪われた。彼らを知りたい、彼らが作る世界に入ってみたい……。

ライブが終わり、夢中で外に出た。楽屋手前にいた矢野さんに、さっきのラーメンズというコンビとお話ししたいです、と伝えたらニヤッとされて「どうぞ」と案内してくれた。もう気恥ずかしさも忘れて、どんどん奥の楽屋に向かって歩く。二人を見つけると、「日本テレビの安島と言います！　ネタ、ちょっとよくわからなかったけど、よかったです！」と変に元気よく挨拶をしてしまった。

二人は面食らったようだけど、静かに、ちょっと嬉しそうに笑ってくれた。

そして、ラーメンズと僕は「笑いの巣」に参加し、一緒に動画を作ることになった。

最初の打ち合わせの日がやってきた。この日に備えて、どんなコントを撮ろうか、舞台で見たあのコントを実際の場所でやるのはどうだろう、そうなると面白さが変わっちゃうんだろうか……などと考えてきた僕が話し始める前に、小林くんが「ちょっと考えてきたんですけど……」とＭａｃを開いた。

「！」

僕は用意してきた拙いメモをそっと鞄にしまった。

「まず、ネット上で動画を見たとしてもカクカクするじゃないですか。こんな感じです」

動画を開きながら、当時の回線事情の悪さを説明してくれた。確かにそうだ。片桐くんのリアクションは、特にない。

「だから映像で表現する普通のコントをやっても見る人にはストレスだし、面白さも伝わらないと思うんですよ」

確かにそうだ。音もズレるから間も台無しだ。じゃあどうするのよ？　片桐くんの目が少し見開かれた気がする。

「なので、僕らは歌を歌います。安島さんは、歌のお題になるような静止画を探してきてください。何でもいいんですよ。たとえば……」とマウスをクリックして現れた画像は……「この金閣寺とか」。

片桐くんはそうなのよ！　って感じでうなずいた。本当にわかってるのか？　と内心思ったが、僕が一番ピンときていなかった。

もう少し説明してもらうと、画面にはたとえば金閣寺の画像が出ている。音声は、ラーメンズの二人が金閣寺についてのオリジナルの歌を歌うという歌ネタ。実際の歌詞はこうだ。「金閣寺は言いました お母さん どうして私は金色の ボディになっているのでしょう 私もみんなとおんなしに 地味なお寺でいたいのに……」

ぶっ飛んだ歌詞を歌う二人の昭和っぽいレトロな歌声と、無機質な画像が奇妙にマッチ。パソコン上で合わせて見ると、だんだん金閣寺が歌っているような没入感があって面白い。それにこれなら多少映像と音声がズレても面白さは伝わる。

結果、当時のネット環境を冷静に踏まえたラーメンズの歌シリーズは「笑いの巣」企画の初回から最終回までランキング1位をとり続ける。

圧倒的なカリスマ性に加えて、緻密な戦略も併せ持つブレーン・小林くん、そして唯一無二の個性と可愛げを持つプレイヤー・片桐くん。美的センス溢れ、格好良かった二人。

初めて会った同世代の天才。出会えてよかった！ でもほんの少し頭をかすめたのは、この面白さって、芸人＆テレビマン、一緒にゴールデンを目指そう！ ていうジャンルじゃないよな……という不安（笑）。

その後「笑いの巣」は、インターネットから、地上波放送深夜のコント番組へと発展。そこにディレクターとして参加した時に出会ったのがこちらも同世代の天才芸人・バナナマンとおぎやはぎだった。労務部へ異動した後も、ラーメンズ含めこの3組とは親しくさせてもらっていた。

そして先に書いた通りに、企画書が通ったことでこの3組のユニットが実現する。

それが、自分で言うのも何だが、後に〝伝説のユニット〟と評される「君の席」だった。

2001年

バナナマン・ラーメンズ・おぎやはぎ〝伝説〟の「君の席」

「君の席」。メンバーはバナナマン、ラーメンズ、おぎやはぎ。6人のコント師は当時まだ20代だった。一般的な知名度はまだまだ。しかし、東京のライブシーンではクオリティの高いコントで既に確固たる地位を築いていた。

「笑いの巣」を共にしたラーメンズを始め、バナナマン、おぎやはぎとも、単独ライブのオープニング映像や映像ネタの演出をさせてもらい、仕事をしていた。3組とも実力者で、センスも似通った部分がある。もちろん、異なる強みも持ち合わせている。コンビ単体でもすごいのに、3組揃ったら、どれだけ魅力が広がるんだ？　この6人が並んだ映像を想像してワクワクした。

なんとか実現させねばという使命感が発動し、ダメ元で企画書を仕上げた。まさかの採用を受けて、6人にユニット結成のOKをもらう。彼らのライブを数々手がける同世代の作家オークラも加わった。「こうすれば面白くなる」という方程式をロジカルに立てられるオークラの存在は心強かった。ユニット名は「君の席」に決定。2001年5月を皮切りに、3か月に1本ずつオリジナルの映像コントDVDを発売。最後にライブを開催し、その模様もDVDにする1年がかりの活動。

お笑いが好きなコア層には当時かなりの話題を呼び、今でも時々『君の席』見ました」と声をかけてもらう。先日クローゼットを整理していたら、シンプルでかわいい、ラーメンズ小林くんがデザインしたオリジナルTシャツが出てきた。DVDリリースの度に渋谷のタワーレコードで催されたファン限定の発売イベント。6人がこれを着て登場した時のファンの歓声をステージ裏で聞いて、自分まで軽く浮かれたことを思い出した(笑)。

しかし、実際の映像コント制作は過酷だった。

理由の一つがかなりの低予算だったこと。知名度がそこまでない出演者によるオリジナルＤＶＤが売れるかどうか、リスクが大きい。当時、メーカーとしても十分な制作費は出せなかったのだろう。

だから技術スタッフは必要最小限しか発注できないし、制作スタッフは他に雇えない。つまり、ほぼ自分一人でやるしかない。とはいえ、クオリティを下げたくない。3組のコントを面白く、しっかり撮りたい。そこでカメラと、簡易のカメラクレーンを自腹で購入した。照明・音声機材は必要な時にレンタルして都合をつけた。そして機材の使い方や「こんな画角で撮影すると、見た人にこんな印象を与えられる」など撮影の技法を独学で勉強した。会社の業務がある平日の日中以外の深夜や休日を、そんな勉強や演者さんとの打ち合わせ、撮影、編集に費やした。

過酷だったからこそ生まれた、忘れられない記憶もある。

打ち合わせでバナナマン設楽さんがこんなコントを提案してきた。「修学旅行の夜に眠れない学生。理由は丸いものを見るとなぜかおならが出ちゃうから……」。バナナナマンらしい、ぶっ飛んだ設定と懐かしさが同居したコント。

設楽さんが紡ぐリアリティあるセリフと、ニュアンスまで繊細に表現する芝居。

日村さんの変幻自在で、爆笑まで持っていく豪腕っぷりが光る演技力。

バナナマンのコント師としての実力は当時から超一級だった。

このコントも絶対面白くなる……しかし、僕は悔しいけど設楽さんにこう伝えるしかなかった。

「面白そうだけど、すいません。撮影場所として修学旅行っぽい和風旅館とかを借りるお金がないんです……」。

すると、設楽さんが実家をロケ場所として提供してくれることになったのだ。

7月の早朝。バナナマンの二人に、日村さんが運転するレンタカーで僕の自宅に迎えに来てもらう。撮影機材の積み込みを手伝ってもらい、2時間あまりのドライブで着いたのは趣ある日本家屋。和室をお借りし撮影を開始する。演出・技術は全て僕がこなす。ワンカットずつの撮影なので、やたら時間がかかる。待ち時間ばかり発生して二人には申し訳なさすぎる。汗だくで取り組んでも8時間かかったが、編集したら

4分くらいのネタになっていた……。

撮影終了後、設楽さんのお母さん手作りの美味しいご飯をたらふくいただき、お風呂まで入らせてもらった。するとなぜか日村さんも「せっかくだから一緒に入りましょうよ！」と入ってきた。何がせっかくなんだろう（笑）。ファニーすぎる。

ラーメンズにもおぎやはぎにも、同じように、自分が情けなくなるほど助けてもらった。

そんなありがたい思いを受け取りながら、自宅のパソコンで独り編集を始める。すると、メンバーやオークラが書いた脚本や現場での演技は、いつも通り面白かったはずなのに、それが映像に落とし込まれると、どこか伝わり切っていない気がする。当時の僕は知らな過ぎた。舞台としては面白いお笑いでも、映像には向かない場合がある。その見極めは難かしいし、演出でフォローするには経験値が必要だということを。だから、ただただ自分の演出の拙さを責めた。メンバーに申し訳なくて、悔しかった。せめて編集で取り返そうと、カットラインの変更を何度も繰り返した。

今でも完成したDVDを見ると、「何にもわからないのによく頑張ったな。熱だけはあったよな」とあの頃の自分の頭を撫でてやりたくなる。

そして、DVD3巻に続き、ライブの制作に入る。

これも映像とは違った意味で、過酷だった。3組とも映像コントは不慣れだが、ライブとなると実績も自信もある一流のコント職人。もちろんオークラもライブのコント作家として一流。僕は初めてのライブ演出。一流なのは熱だけだ。そんな若く面白いライブを作ることに真っ直ぐなメンバーが、当時東高円寺にあった、おぎやはぎの所属事務所であるプロダクション人力舎の稽古場に何度も集まった。そして自分が一番面白いというプライドをガシガシぶつけ合った。

演出という立場上メンバーをまとめるべき自分が、会議で時々訪れる重苦しい沈黙を打破するアイデアを提案できない。実力のなさがバレたくないという自意識もますます口を重くする。薄暗い天井を何度も見上げた。

そんな時、2つ年上のお兄ちゃん的存在であるおぎやはぎ矢作さんの、「まあこれも面白いと思うけど、そっちも面白いと思うよ。みんないいね！」と前を向かせてくれる明るさに助けられた。同じくおぎやはぎ小木さんの、「うん、いいんじゃない、いいんじゃない。どっちでもいいんじゃない！」というやたら軽やかな相づちも、煮詰まった空気を薄めてくれた。

クレバーな司令塔矢作さんと、絶対に面白くなる演技パターンを持つ小木さん。おぎやはぎの笑いには、「あえて格好をつけない格好よさ」が醸し出されている。何気ない言葉や演技も、なぜ二人にかかると面白くなるのだろう？　僕にとって二人の存在は、〝人(にん)〟の面白さとは何か？　を考え始めるきっかけになった。

ちなみに、ライブの会議にどれくらいの緊迫感があったかというと、いつもマイペースなラーメンズ片桐くんに、稽古場近くのモスバーガーに呼び出され、「俺もライブのために何かしなきゃと思うんですよ……。だから紙粘土で何か作ろうかと。いらないですかね？」と相談されるほど。自分も何かしらこのライブに貢献したいんだ、という熱い気持ちだけ、ありがたく受け取らせてもらった。

そんなこんなを乗り越え、なんとかライブをまとめあげた。コント師6人、そして僕もオークラもだが、若者が落としどころも考えずぶつかり合ったからこその、熱量があった。一方で作品は、若さ故の未熟さを感じさせず、調和が取れて美しく仕上がった。その完成度は今見ても異常に高い。

2002年3月。自分で言うのもなんだが、名作の誉れ高い「ライヴ!! 君の席」の公演が終わった。僕は28歳だった。

2004年

初めて企画・演出したテレビ番組「落下女」

「君の席」が終了した後も、設楽さんが声をかけてくれて、バナナマン、おぎはやぎ共演のオリジナル映像コントＤＶＤ「錆鉄ニュータウン」を演出した。

こちらの発売元はＶＡＰではなかったので、あくまで「趣味の一環」としての制作。4人出演の物語仕立てのコントやコンビごとのコント、個人のコントなどいろいろなバリエーションの映像コントを制作できた。

その中で印象に残るのが、4人出演の「恋のエチュード」という即興性が高いコントがかなり面白かったこと。「4人は大学の同級生」で「それぞれの仕事は○○」などの初期設定、そして最後の「日村さんが思いを寄せる女性に電話で告白する」というイベントだけを決める。途中で何が起きるかの想定はあるものの、基本的にあとはフリーで展開してもらう、というもの。

4人のずば抜けた実力と信頼関係があって成立したコントだったが、アドリブ性が高いと、元々の関係性や人間性がより滲（にじ）み出る面白さがあった。これに気づいたことが、後に「もっとたりないふたり」の即興漫才にも生かされることになる。


この次はどうしてもテレビでお笑い番組をやりたい。とにかく肩が暖まっていた。そんな中、番組制作に再び異動することになった。気合いが空回り気味だった僕は、時には「安島が作りました」とメモした付箋を貼り付けた「君の席」のDVDを、社内関係各所のデスクにばらまいてアピールしたりした。生来の引っ込み思案から急に極端に鼻息が荒くなる感じ。このバランスの悪さは、たりなさの表れです（笑）。

そんなこんなが実を結んだのか、31歳で初めて企画・演出する深夜コント特番が決まった。2005年4月に2回放送された「落下女」。

芸人メンバーは、バナナマン、おぎやはぎ、ラーメンズ片桐くんという「君の席」

からの同志に加え、当時既にテレビコントでも名を馳せていたドランクドラゴン。チーフ作家はオークラ。「君の席」「錆鉄ニュータウン」制作で得たノウハウや反省点を生かし、テレビコントにしたらより面白くなるはず、と自信が持てる要素をたっぷり。そして、「モテない男たちがこうすれば女性を落とせるはず、という妄想コント」という番組テーマを自分なりに咀嚼。「彼らがそれに憧れている」という設定で、1990年代渋谷系カルチャーにこだわった衣装や音楽、ビジュアルなど、自分が好きな要素を詰め込んだ。

その結果、満足いく内容ができた。DVDをばらまいた時には引き気味だった社内からも、絶賛の声が届いた。また、南海キャンディーズのマネージャー片山さんが、声をかけてくれたきっかけにもなった。

そして「落下女」は、同年10月から深夜のレギュラー番組に昇格する。芸人のレギュラーメンバーには、当時ブレイク中の南海キャンディーズとアンガールズも加わり、さらにパワーアップ。入社以来8年間、ストレートな道ではなかったけれど、ようやく夢が叶った。未来に希望しかないスタートだった。

しかし初回放送を終えると……視聴率が悪かった。2回目、3回目の放送も数字は上がらない。すると社内の評価も途端に手のひら返し。特番を絶賛してくれた編成マンと廊下ですれ違っても、目を逸らされる。内容が下品だとか、コントが稚拙だとかいろいろな声が急に聞こえてきた。

「面白いコントなのに……なぜ？……」

自分が面白いと思う内容と、視聴率とのギャップ。冷酷な現実が突き付けられた。しかし考えてみれば、好評を博しレギュラー化のきっかけになった特番は、過去のDVD制作やライブで試し、成功したエッセンスを詰め込んだものだった。一方、レギュラー番組となると、毎週走りながら新たなものを作り続けなければいけない。その違いは大きかった。社内の冷たい視線の中、上がらない視聴率を背に走り続けることは苦しかった。

苦しかったことと言えば、当時の日本テレビには、スタジオでコントを撮影する力ルチャーとノウハウがあまりなかったこともある。スタジオ収録は、出演者・スタッフの拘束時間と負担が少なく効率のいい収録が多かった。

それと対局にあるのがコント収録で、時にはムダに思えるほど時間とお金をかけて作るものとされていた。バナナマンやおぎやはぎ、ドランクドラゴンは、既に他局でのコント番組に出演中で、そのやり方に慣れていた。僕自身も芸人さんや作家さんからそんな話を聞いていた。実際、時間とお金がカツカツな状態でＤＶＤ制作やライブの演出をしてきた身からすれば、その大切さは身に沁みていた。

だから出演メンバーには、なるべくそんな他局のような雰囲気でコント作りをしているように見せかけていた。

たとえばリハーサルを終えたメンバーが喫煙所でバカ話をしながら、本番ではどうするかを話している。楽しい空気から笑いは生まれると思うから、僕もその話に笑顔で付き合いながら、頭の中では着地点を探る。予算の関係、出演者のスケジュールの関係、諸事情で収録時間に余裕はない。早く結論を出さねばならない。その間も、僕が装着したインカムには、様々なスタッフの声が入り込んでくる。「いつまで待つんだろうな」「何か意味あんの？」「深夜になっちゃうよ」「これタク送（帰宅にタクシーを使うこと）になっちゃっても大丈夫？」と収録時間が押すことへの不安に不満。そんなネガティブな空気がなんとかメンバーには伝わらないように、余裕があるフリをしていた。

誰も悪くはない。僕が格好つけて、悩みを演者ともスタッフとも共有せず、勝手に両者の板挟みになって、勝手に辛かっただけだ。

……すみません。苦しい、辛いが多いですよね。性格なんです。もう少しだけお付き合いくださいませ。

当時のもう一つの悩みは、レギュラー化の目玉として加入してもらった南海キャンディーズが番組にフィットしないことだった。そもそも当時の南キャンは超不仲状態。現在のような互いの自宅を行き来するような良好な関係になるなんて想像もつかなかった。

二人がまともに会話しないので、山ちゃんからのしずちゃんへの提案は、僕が発信しているフリをしてしずちゃんに伝えていた。山ちゃん発信だと、それだけでしずちゃんがネガティブに受け取めがちだから、というのがその理由。そんな状態だから二人が共演するコントを作るのは難しい。でも二人が笑いを取り、躍動することがそのまま番組の勢いにもつながると思っていた。

そのための作戦として、しずちゃんには、共演の女優陣である杏さゆりさん、新垣結衣さんと、アイドルのように歌い踊る企画をレギュラー化した。

新垣さんは当時17歳の高校生。そもそも芸人メンバーの相手役としてキャスティングしたのだが、とにかく勘が良くて最終的に彼女が中心となるボケ役のコントまで誕生した。本職の芸人さんへのリスペクトもあって緊張しながらも、精一杯演じてくれた。

ちなみに山ちゃんの最初のコントの相手でもある。その収録直後、緊張でガチガチだったことを早速反省する山ちゃんに「山里さんが緊張されていたので、私が緊張してる場合じゃないと思ってリラックスできました」と笑いを交えてフォロー。積極的に話しかけるタイプじゃないはずなのに。優しくて芯が強い高校生だった。

そして、ここまでなかなかハマリ役に恵まれなかった山ちゃん。そもそも彼の、言葉一つで流れを変える決定力に惚れ込んで番組の真ん中に据えてきた。

だから番組の突破口は、彼が思いっ切りその強みを発揮することだと心に決めた。これからの番組の柱になるコーナーにしようと、山ちゃんメインのコント企画を立ち上げた。

山ちゃんがサッカーのキーパー役。最初はシュート練習をする他のメンバーたちが、やがてサッカーと関係はないアドリブのセリフを放り込み、山ちゃんがそれに返していく、という構造。山ちゃんの瞬発力と対応力、返しの言葉のセンスが生きるはず、と思っていた。

そして、そのコントの結果は……、信じられないくらいの失敗に終わった。

山ちゃんの返しの不発ぶりに、バナナマン設楽さんもおぎやはぎ矢作さんもフォローできない。僕はたまらずカットをかけた。明らかに落ち込んだ様子でスタジオから出ていく山ちゃん。がっかりしたような、憮然としたような表情の設楽さん。なんでこんなことに……。

猛烈に頭をかきむしりたくなるが、収録時間の都合もあり、すぐに次のコント収録の準備をしなければいけない。次も山ちゃんの出番がある。しんどいだろうけどなんとか切り替えてもらって……とその姿を捜すも見当たらない。メンバーのたまり場にもいない。たばこを喫わないから喫煙所にいるわけもない。ひょっとして2階にある山ちゃんの楽屋か？　階段を駆け上がる。するとその先に座り込むおかっぱ頭の黒い影が……。時折漏れる深いため息が、階段に響く。そんな山ちゃんに、すぐに声をかけることもできなかった。

正直に言うと、座り込みたいのは俺だよ、と絶望していた。あらゆる意味で稚拙だった31歳。夢だった深夜コント番組は、わずか半年で終了した。

2008年

輝け！　中野の若旦那！「潜在異色」誕生

「落下女」の終了後、またも人事異動。今度の行き先は編成部。演出失格の烙印を押されたと思ってやさぐれました。がっつり空いた夜の時間を、山ちゃんと、当時互いの近所だった中野での飲み歩きに費やした。ハイボールでベロベロになった山ちゃんが、思いを吐き出した。

「『落下女』、ありがたかったけど、やりにくかった……」

今振り返れば、それはそうだろう、と思う。「君の席」時代からのチームワークで結ばれたメンバーの間に、他の誰よりも後輩ながら、番組の目玉として後から参加。しかも実力派のコント師揃いの中で唯一の漫才師……。そんなアウェーな環境で、山ちゃんにとって負荷が大きすぎるあのサッカーコントを割り当てられては、持ち味を発揮できなくて当たり前。

僕自身、ホームであるほど強さを発揮するナイーブな天才、山ちゃんという人間を全くわかっていなかったし、他のメンバーに対しても申し訳ないことをしてしまった。山ちゃんがサッカーコントを失敗した直後の設楽さんの憮然とした目は、こうも演者の生理をわかっていないことをやらせるんだな……という僕への失望に感じた。

そのうち、山ちゃんがこぼす本音は「落下女」の後悔だけにとどまらず、自分が置かれている現状への愚痴も加わった。その頃の南海キャンディーズは「落下女」だけでなく、レギュラー出演していた番組が次々終わりを迎えていた。「M－1グランプリで生まれた新スター」からの脱皮が必要な時期だった。

1軒目でたらふく飲み食いしたけれど、もう一軒行こうか。中野の飲み屋街を練り歩く僕たちに、客引きが次々と声をかけてくる。「おー山ちゃん！ 次はウチにぜひ来てくださいよ！」「おうおう、ちょっと考えますわ」「はい、ぜひ！」「どうも～」。〝中野の若旦那〟と異名を取った（笑）人気者の背中を目で追いながら、僕はどうしても酔えなかった。

山里亮太という天才の才能を生かせていない、どうやれば山ちゃんのよさを引き出せるのだろうか……。「落下女」ではコントの設定にはめ込んでしまったけれど、山ちゃんの武器はやっぱりしゃべりだよな……。

しかし、その強みも当時のテレビでは発揮できていなかった。山ちゃんに対する世間のイメージは〝キモい〟、そして〝じゃない方〟が大半。出演する番組では、制作者も出演者もその部分をいじり、山ちゃんがカウンターの瞬発力で返す、という流れが多かった。でも山ちゃんも、自分からそっちの流れに行っちゃダメだよな。「キモい」「じゃない方」の印象が視聴者にこびりついてせっかくの腕に日が当たらない。だったら、いじられキャラの象徴のおかっぱの髪型も変えた方がいいのか。今着ているピチピチの、ゲームタイトルがどでかくプリントされたTシャツはどうなんだ？いや、これは私服だから関係ないのか……。とにかく山ちゃんが才能を発揮できる場をどう作るのか？　四六時中、山ちゃんのことを考えていた。

バナナマン、おぎやはぎ、ドランクドラゴン塚地武雅さんは、テレビの世界で活躍し始めていた。ラーメンズ片桐くんは俳優の世界に光明が見えていた。そして何より、絶賛不仲中だった相方・しずちゃんが、映画「フラガール」出演を機に国民的女優の道を歩み始め、山ちゃんの嫉妬は度を越えていた。

そんな中でどうしたら山ちゃんのすごさに光を当てられるのだろう。悩み続けていた。その結果、考えついたのがライブの企画だった。ライブタイトルは「潜在異色」。芸人さんが潜在的には持っている、だけど世間にあまり見せる機会のない〝異なる色〟を見せましょう、というライブ。

才能ある芸人さんをテレビ的な企画や設定に無理に当てはめて、その魅力を削いでいなかったか。山ちゃんをあのサッカーコントに当て込んでしまった僕には、「落下女」を始め、時として企画に人をはめ込みすぎるテレビの作り方への反省があった。

このライブなら、山ちゃんも新たな挑戦が自由にできるはず。山ちゃんに話すと、めちゃくちゃ乗ってくれた。そして、自分は「笑いも取れる池上彰さんになりたい」との野望を照れながらも明かしてくれた。だとしたら、ガッチリ構成された時事漫談をやりましょう、と演目は決まった。

そうと決まれば他のメンバーも呼ぼう、というわけで声をかけたのが、同じく「落下女」のメンバーで、その魅力を引き出し切れなかったアンガールズ田中卓志とドランクドラゴン鈴木拓。合流した拓さんの第一声は、「なるほど、くすぶってるメンバーを集めたってことね！」。「身もふたもないこと言うな！」と突っ込んだのは、参加してくれることになったもう一人のメンバー、ロンドンブーツ1号2号の田村亮さんだった。

2008年4月、下北沢のOFF・OFFシアターという80人あまりのお客さんで一杯になる小さな劇場で、この4人による「潜在異色」の初回公演が行われた。山ちゃんの漫談に加え、アンガ田中とドランク鈴木は一人コント。亮さんは大喜利企画。それぞれの演目は面白く、何よりとんでもない熱量があった。メンバーがお客さんと一体化していた。ひいき目かもしれないが、他のどの仕事より輝いて見えた。

メンバーも手応えを感じていたと思う。

ライブが終わった後、駅前の居酒屋の座敷で打ち上げを行った。実はチケットの売れ行きが思わしくなく、売り切れたのは開演のほんの少し前だったと明かした。すると拓さんが「まあ、くすぶってるメンバーだから人気もないよ」とか毒づいて、みんなに突っ込まれていた。みんなゲラゲラ笑っている。だけど、そんな拓さんの目元がじんわり赤くなっているように見えて、僕は慌てて焼酎を涙と一緒に飲み込んだ。

この「潜在異色」という場の空気が、より彼らの力を引き出したのかもしれない。だとすると、「落下女」で山ちゃんを失敗させてしまった原因の一つは、自分がこういう空気を作れなかったからだな……。もしかして番組が終わってしまった原因もそんなところにあるのかもしれない……と、くどくど考えた。

相変わらず、酔えなかった。

2009年

「潜在異色」でわかった演出に惹かれる理由としんどさ

南キャン山ちゃん、アンガ田中、ドランク鈴木、ロンブー亮さん。この4人が、漫談や一人コント、大喜利企画を披露して始まったライブ「潜在異色」に、「自分も見せたことがない色を出したい」と豪華なメンバーが続々加入してくれた。

まずは「潜在異色」の初回公演を見に来てくれた、ロバート山本博さん。さらに鳥居みゆきさん、サンドウィッチマン伊達みきおさん、オードリーの二人、よゐこ有野晋哉さん、インパルス板倉俊之さん。

2008年4月の立ち上げから7回にわたって「LIVE! 潜在異色」としてライブを開催。徐々に会場・公演数を拡大し、チケット即完の人気イベントに成長していく。

こんな個性豊かなメンバーが、新たにチャレンジできる場を作り、お客さんが来てくれるようになったことが、とにかく嬉しかった。メンバーの引き出しには、世間で知られている以上に豊かな才能があった。

ロバート山本博の、きちんと構成され、技術も高いシャープな漫談。鳥居さんの、設定はトリッキーだけど、芯があるコラボネタ（たとえばアンガ田中との漫才）。サンド伊達さんの、切れ味鋭い突っ込みはもちろん、可愛げある人間性が滲み出るボケ。普段は若林くんにプロデュースされるオードリー春日。彼が自ら考えたピンネタは、やっぱりいかれていた（春日が泣いたという盲導犬の一生を描いた映画「クイール」を、犬のクイール目線で完全再現、というやばいネタでした）。よゐこ有野さんの、自由すぎる発想のピンネタと他のメンバーを巻き込む企画力。インパルス板倉さんの、単独ライブでやれそうなクオリティの、ムダのない美しいフリップネタ。当たり前だけど改めて皆さん本物だと思った。

そして「いろいろな物に『本の帯』をつける」など斬新な切り口のピンネタを披露

していたオードリー若林くんにとって、この「潜在異色」が「たりないふたり」を組むことになる山ちゃんと顔を合わせた場所だった。「潜在異色」メンバー全体の打ち合わせでは、互いに気にするそぶりを見せながらも会話しない二人を、中野の居酒屋で改めて引き合わせたのだ（これが第1章の「薩長同盟」ブロックです）。

そして「潜在異色」では、メンバーの作・演出の才能も自然に引き出された。

鳥居さんはアンガ田中との漫才以外にもサンド伊達さんに加え富澤たけしさんも出演したホラーテイストの密室コントを作・演出した。ロンブー亮さんも、山ちゃん、サンド伊達さんと共演した、ラーメン店が舞台のストレートなコントを作・演出。その才能と人間性から、他のメンバーを光らせる良質なコントがたくさん生まれた。

その中でも「潜在異色」の看板ネタとして定番化したのが、アンガ田中が作・演出する長尺の集団コントシリーズだった。「いじめられっ子だけの同窓会」「童貞矯正合宿」など、自虐的だけどヒューマン、とはいえウエットになりすぎない絶妙な設定と、出演メンバー全員が生きる構成。彼の集団コントは「潜在異色」が終わってからも、「田中が考え中」と銘打った舞台として独立。2時間サイズのコント劇に発展し、3

回の公演を開催した。

僕は「落下女」を終わらせた後、アンガ田中の才能もなんとか引き出したかった。「潜在異色」がスタートした頃、既に〝キモかわいい〟ともてはやされた時期も過ぎ、テレビでは苦戦気味だった。そんな彼が新しい武器を見つけるお手伝いができたのは嬉しかったし、「潜在異色」の個性豊かなメンバーに散々いじられつつ、その優しさと実力でリーダーとして引っ張ってくれたことに感謝している。現在ゴールデン番組でMCを務めるのも当然の人間力と才能の持ち主だと思う。

打ち合わせや稽古は頻繁にあったが、当時地方営業が多かったサンド伊達さんが、毎回生真面目に買ってきてくれるお土産を、皆でつまみながらの楽しい時間。互いにいじりいじられ合う、「潜在異色」ならではのいい雰囲気が続いていた。

そんなネタ作りの中で、いろいろと教えてもらうことがあった。

たとえばドランクドラゴンの拓さん。

稽古では誰より楽しそうなムードメーカー。田中作の長尺コントでは必ずポイントになる役柄を任されるストライカー。ただテレビ番組では、相方の塚地さんに比べて、地味で何もできない……みたいな扱いをされがちだった。

するど拓さんが、ピンのコントを自分で台本を書いて演じたい、と提案してきた。ドランクドラゴンのネタは塚地さんが書いているし、そもそもネタを書いたことがないという。そんな拓さんが人生初のネタを書いて演じる、これこそ「潜在異色」だ！　と勝手に鼻息が荒くなった僕は、良かれと思って拓さんに様々な提案をした。

拓さんは、最初のうちは僕の提案を面白がってくれたが、僕が口を出しすぎてしまったのだろう。コント台本から拓さんの〝人(にん)〟が薄まってきていることに気が付いた。拓さんも、僕が提案すると言葉にはしないものの「これ以上はやめてほしい」というリアクションになってきた。正直な人なのですぐわかった。たとえ台本の精度は上がったとしても、拓さん自身が演じることを楽しめなくなる。それでは、「誰が書いて演じても同じ」なコントになってしまう。「潜在異色」でのコントの作り方としては間違っている。そう思った僕は慌てて口をつぐんだ。すると本番では、拓さんの血肉が通ったコントに生まれ変わっていた。拓さんの、それまでため込んでいた鬱憤がコントを演じる喜びへと昇華されていた。その熱がお客さんに伝わって、とてもウケた。

当たり前だけど、本番がゴール。ここに演者さんが爆発するピークを持っていくために、裏方はどうするべきか。演者さんにお任せするのがいいのか、それとも裏方がリードした方がいいのか。任された演者さんは、乗った時には光り輝く。しかしもし、そもそも間違えた方向で演者さんに任せていたら、結果は厳しくなるし、演者さんにも傷がつく。

正解は、〝いい感じのバランス〟しかないのだろう。

企画やコンテンツを作る際に、演者さんに裏方が関わるベストな割合、というものがきっとある。でもマニュアルはない。演者さんの〝人(にん)〟や意向、その演者さんと裏方との関係性、意見の言い方とタイミング。もちろん作る企画やコンテンツの性質、中身にもよるが、全て人間と人間が向き合う過程で決まっていく相対的なものだ、と思った。もしかして、これが僕が〝演出〟というものにどうしようもなく惹かれる大きな理由かもしれない。より面白い答えに向かう方法論は一つではなく、自分たち次第で無数にある。だけど同時に、一生答えが出ない、しんどい仕事だなあ……とも思った。

そして、もはやプラチナチケット化した「LIVE！潜在異色」はさらに話題を呼び、2010年1月に1クール限定の深夜テレビ番組化が実現した。

下北沢の小劇場の80席を埋めるのも苦労した2年前から、ここまでたどり着いた。メンバーのあまり知られていない色を、幅広い人達に届けるチャンス。腕が鳴った。「やりたいネタをテレビでやれる！」とメンバーのモチベーションも高かった。東京・芝浦の元々クラブだったスタジオにお客さんを入れ、ライブ形式で行った収録は毎回熱気に溢れていた。

ただ、難しさも浮き彫りになった。

本来テレビは、見ている人誰にでもその面白さが伝わることがよいとされるメディア。一方、「潜在異色」はメンバーが見せたい独自の色を見せる、という視野狭窄だからこそ生まれる熱が武器。そのネタは見る人を選ぶ危険性がある。しかし視野を広げてわかりやすさを求めすぎると、メンバーの温度が下がる。

そもそも、テレビ的な企画に芸人さんを当てはめすぎていないか？　というテレビへのアンチテーゼから生まれている企画だから、番組化は根本的に矛盾しているのだ。メンバーに、「とはいえテレビだから、このわかりにくいネタはちょっと……」とか伝えてがっかりさせたくない。だけどそれを言わずに、舞台同様のネタで進めて視聴者に伝わらなかったら、なんでテレビ化したんだって話だし……。そのバランスを取ることに腐心した。

それがなんとかうまくいったのか、何より当時のテレビではまさに異色な、メンバーの熱さが話題を呼び、テレビ放送は成功した。放送後は、ＪＣＢホール（現在のＴＯＫＹＯ ＤＯＭＥ ＣＩＴＹ ＨＡＬＬ）で３回公演、計６０００人のお客さんを集めたライブを開催。チケットも即完し、全国11か所の映画館でも同時に中継された。この時のアンガ田中の長尺コントは、鳥居さんが主役。イメージを裏切る平凡なＯＬ役を熱演して笑いとじんわりした感動を呼んだ。さらに下北沢での初ライブを終えた「たりないふたり」が「潜在異色」に凱旋。漫才で沸かせに沸かせ、最後は意味不明のかけ声「おっぱいボヨヨン、乳首どっかーん」を2000人のお客さんと共に唱和した。

躍動するメンバーをステージの袖で見守りながら、その夜の打ち上げは、ゆっくり酔える気がした。

若林くんとの雑談

「君の席」「潜在異色」とライブに手応えを感じ、すっかりその魅力に憑りつかれた僕は、「たりないふたり」「田中が考え中」「咆号（脚本：ピース又吉直樹、出演：又吉、ピース綾部祐二、平成ノブシコブシ、渡辺直美）」など、ライブの企画演出を続けた。

時々、テレビ局員なのになんでそんなにライブやれたんですか？　と聞かれる。答えは、本業の合間に楽しむ「趣味の一環」扱いで、ギャラをもらっていないケースが大半だったから。よく「好き」だけでやれたな、自分、と今さらながら思う。

そんな新たなライブや企画が生まれるきっかけになることが多いのが、若林くんとの雑談だった。初対面から現在まで、多い時には週1ペース、忙しくても1か月は空けず、15年くらい続いている。カフェや居酒屋で。彼はジンジャーエールやお茶、僕は麦焼酎を数杯ずつ飲み、それなりにお腹がいっぱいになったら終了。

同業者に、「よく若林くんと会って話してる」と言うと、「え⁉　若林さんと……なに話すんですか？」と驚かれる。ちなみに若林くんも他の日テレ局員に「安島とよく会う」と言うと、同じ反応をされるそうだ。なんだか失礼な話です（笑）。

出会った頃は、若林くんがテレビの現場で覚えた違和感や怒りを聞くことが多かった。それは僕もかつては苦しみ、その後忘れたフリをしていたことだった。そしてそれは燃料にもなった。ガンガン燃やして生じたエネルギーで、がむしゃらに戦った。「たりないふたり」という武器が生まれたきっかけにもなった。ゴールデンタイムの番組で視聴率も取った。その結果、他者評価は高まった。なのに、まだ違和感が消えないのはなぜだろう？　望んだものが手に入ったのに、ピースが埋まっていない感じがするのはなぜだろう？　そこから転じる疑問は、なぜそういうものの感じ方や受け取り方をする人間になったんだろう？　ていうか、なぜそんな疑問ばかり持ってしまうのか、本当に面倒くせえな、自分……。いつしかそんな話もするようになっていた。この類いの話で響き合うのは、若林くんが言う「同じ傷を持っている」からなのだろう。実際、過去の体験やその時感じたことなど、共通する部分は多々あった。

もちろん自己探求話ばかりではない。その日の収録の話、最近出会った人の話、家族の話、相方の話、見た映画の話、しょうもない話、……欠かせない山里亮太の話。ただ何を話しても、〝人間が面白い〟という結論に行き着くことが多い気がする。

若林くんは僕を〝頭がいい人〟だと過大評価してくれる。全体像を見通し、これはやらなくていい、これは後回し、もしくは先にやった方がいい、とロジカルに判断できるからだと。その能力は大してないけど、正直若林くんよりはあると思っている。なぜなら、若林くんはその正反対で、超が付く視野狭窄の天才。何かのポイントに引っかかったら、四六時中その部分を何度もかみしめるように考える人だからだ。それは彼なりの答えが出るまで終わらない。大変だろうけど、だからこそ「春日」という、こちらもある種の天才を生かすべく考え抜いた「ズレ漫才」を発明できた天才。

そんな若林くんの思考の階段を、一緒に上ったり下りたりする、楽しくて刺激的な時間。

ここでの会話から生まれたアイデアは多い。

たとえば2013年、オードリーの単独ライブ「オードリーのまんざいたのしい」を演出した時の話。当時の若林くんがこんな違和感をよく話していた。「漫才の単独ライブで、ネタが終わるたびに毎回舞台から退場し、また次のネタで登場するのって何か引っかかる……。春日は尺がかかる出方だからテンポが悪くなる」

そこで、次のような演出にした。

ネタのオチがついた瞬間、二人が舞台に立っている間にスクリーンを幕代わりに下ろし、幕間の映像をスタートさせる。それが終わりスクリーン（幕）が上がると、二人は既に舞台上にスタンバイしていてすぐに次の漫才が始まる、というものだ。確かにテンポは上がり、かつ作品感が高まったと思う。幕を下ろすタイミング、スピードは綿密にシミュレーションしたものの、本番ではやっぱり緊張したものだ。

トークライブやりたいよね、という雑談から生まれたのが「若林正恭のLove or Sick」(2015年)だ。何を話すのがいいだろう……と考えていたら、「この、若林くんがあーでもないこーでもないと内省する雑談を、そのまま再現する」というアイデアを思いついた。

今までにないトークライブ。お客さんにとっても、若林くんの頭の中を解剖するようなスリルが味わえるはずだ。ただ、普通にトークするだけだと、わざわざこんな内省的な話をする理由がないし、内容も生々しすぎる。エンターテイメントに昇華するには何か設定が必要だ……と考え、「若林くんがカウンセリングに通ってカウンセラーに語る設定」なら、自然に悩みや思考を話せると思った。お客さんにはカウンセラー代わりに聞いてもらう、ということでライブに巻き込む。これが浮かんだ時にはテンションが上がった。つい「ヒルナンデス！」本番直前の若林くんに電話してしまい、「お、おう……いいですね」というリアクションをさせてしまったのは、裏方失格で申し訳ないです。こう書いていて気づいたが、「たりないふたり」といい、「Love or Sick」といい、「何かの場をそのまんまエンターテイメントにする」という演出パターン、多いな自分（笑）。

結果、「Love or Sick」は新しいスタイルのトークライブになったし、ドキュメント色が濃くなった後期の「たりないふたり」にもつながる大きなきっかけになった。

トークライブ形式で2回公演し、3回目はコントライブに変更した。形式は変わったものの、若林くんの頭の中を見せる、というコンセプトはそのまま。中でも作・主演：若林くん、客演：サトミツのコント「うなぎ」はおじさんの自意識を描いた名作だった。もっと多くの人に見てほしいし、いつかその機会を作りたい。

こんな風にアウトプットにつながるかは別にして、若林くんとの雑談は、自分の輪郭を深く掘ってくれるような大切な時間だし、何より単純に楽しい時間なのだ。ということで、若林くん、また来週あたりよろしくお願いします。

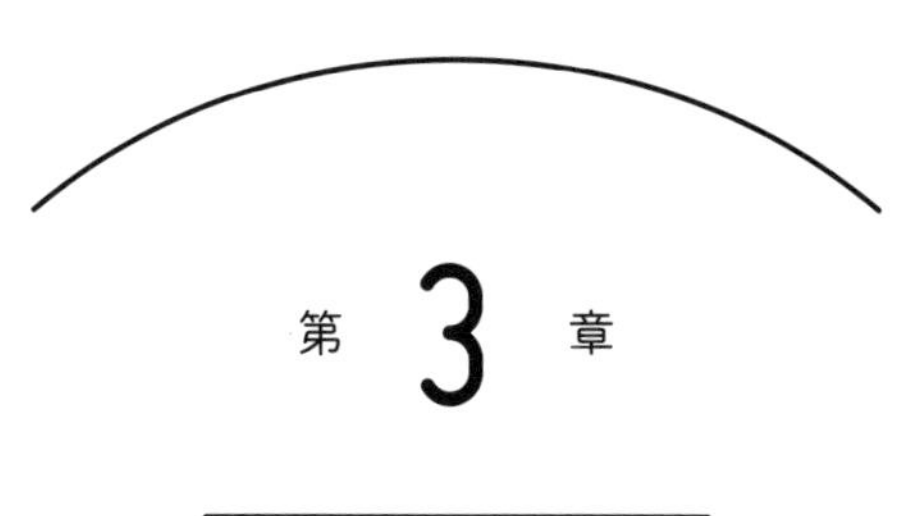

第3章

たりないテレビ局員、ゴールデンの荒波でもがく

2010年～2018年

2010年

ゴールデンでお笑い番組 天国と地獄

最初に企画・演出をしたコント番組「落下女」が半年で終了すると、僕は編成部に異動になった。その間、「潜在異色」や「たりないふたり」などのライブを演出。そして2009年、制作現場に2度目の異動をした。

どうしてもお笑い番組をやりたかった。まずは深夜で。「潜在異色」「たりないふたり」のテレビ化の前に、最初に採用された企画が「ぜんぶウソ」という番組。「潜在異色」を通して実感したオードリーやサンドウィッチマン、鳥居みゆきの即興の演技力を生かした、フェイクドキュメンタリー・コントの走りとも言える企画。

2000年代後半頃には、深夜番組は必ずしも視聴率だけが重視されず、DVD販売、イベント展開などで利益を出せるかも成功の重要な尺度になっていた。そもそも2001年の「君の席」から端っこディレクター人生を始めた自分には、明確なノウハウはないけれど、コアなお客さんに喜んでもらえるコンテンツを生み出す感覚はあった……と思う。

元々ライブでやっていた企画をベースに番組を作り、DVDを販売し、さらに規模を大きくしたライブを開催する、というサイクルはうまく回転した。しかし当時、深夜番組の成功だけでは胸を張れないし、何より自分の中にある「王道・ゴールデンタイム」への憧れが頭をもたげてきた。

そして2010年。「再現コントで構成するゴールデン特番」の企画が採用された。大好きなお笑い。しかも人生で初めて、ゴールデンタイムでの企画・演出。面白さの追求はもちろん、ゴールデンタイムにふさわしい視聴率を取りたい。そのためには、ライブや深夜番組でお笑いをやってきたノウハウや端っこな自分のたりない感覚だけに頼るのではなく、幅広い人に見てもらえる努力をしようと思った。

「日常生活で他人の言動に腹は立ったが、キレることができずに我慢した」というエピソードを再現コントにする。日本人ならみんなが共感できそうな番組の主題。タイトルは「キレてもいいですか？」にした。コントのリアリティを出すために、スタジオのセットではなく、カフェや学校などでロケ収録する再現コントという方針を決めた。

スケジュール調整はとても難しかったけど、タカアンドトシ、バナナマン、オードリーといった人気実力ともに十分なメインの芸人さん、さらに豪華な俳優陣もロケに参加してくれた。ネタのチョイスや演出は、もちろん自分自身やスタッフ、出演者が面白いと思えて、それぞれの演者さんが生きることが前提。だけど「あるある」感、共感性を大切に。自分の感覚はスパイスとしてまぶしていくことを心がけた。もちろん番組作りは一人ではできない。それまでに知り合った優秀なスタッフや、周囲の評判を聞いて参加をお願いしたディレクターなどに加わってもらい、自分なりにベストなチームを編成した。

そして結果、土曜日夜9時の放送で世帯視聴率15％を超える高視聴率を獲得した。有頂天になった。大好きなお笑いで、視聴率を取れた！　幅広い人が共有できる感覚と自分の感覚、ついにゴールデン番組を作る黄金比率を見つけた！　と口元が緩んだ僕は……、ひと言で言うと、愚かでした。この特番の視聴率と内容を引っ提げて、2010年7月に火曜日夜9時のレギュラー番組「コレってアリですか？」として華々しくスタートしたのだが、視聴率が思うように取れない。確かに特番の時とは裏番組の環境も違うし、毎週放送するレギュラー番組となると、「人気芸人と俳優がロケで稼働する再現コント」という企画の希少性も薄れる。

毎週水曜日の朝9時に視聴率が発表される。よくない数字を見ると一旦全身の血が逆流するような血圧の上昇を感じるが、その後はすーっと力が抜けて、なかなか気持ちが入らなくなる。一旦会社の仮眠スペースで横になる。気持ちを整え、切り替える必要があった。なぜなら、毎週水曜日は、レギュラーメンバーがコントVTRを見るスタジオ収録、もしくはコントVTRのロケをする日だからだ。

つまり、出演者やスタッフが一堂に会する「ハレの日」。だから、たとえ結果が悪くても番組の演出である僕が暗い顔はできない。出演者、スタッフの労をねぎらいながら、「今回は○○だったけど××が光明だから、そこを伸ばせば次回は大丈夫」といった、前向きかつ冷静な分析を端的にコメントしてみんなを安心させ、勇気づけなければいけないのだが……。できていなかった。やっていたつもりだったけれど、ゴールデンの激流にアップアップなのがバレバレだったと思う。

内容的にも手は打った。視聴率データを分析すると、若い視聴者層の支持はあったが、50代以上の年齢層には全く刺さっていない。なので、より共感してもらえそうな「嫁姑」や「ご近所問題」などのテーマでコントVTRを作るが、そもそも僕やスタッフにテーマへの熱もたりず、付け焼き刃だからVTRの精度も低くなり、肝心の共感性も薄い。

スタジオトークにもそんなテーマに沿ったベテランの女性タレントさんをキャスティングするものの、番組にハマっていない感が強く、スタジオも盛り上がらない。「こんなはずじゃなかった……」と出演者・スタッフ全体の温度が下がっていくのが、サーモグラフィで見るようにわかった。

一方、若林くんに演じてもらった「ゆとり世代の若者」を極端にデフォルメしたキャラクターコント「モンスターヒラタ」は話題になった。今でも面白かったと言ってもらえるし、若林くんともやってよかった、と振り返ることができるコントだ。

このコントは共感性以上に、若林、という人の内面や魅力が最大限輝くコントだった。ライブを演出した時のように、もっとメンバーそれぞれの人間性、キャラクターに向き合い、ベットすることが突破口だったのかもしれない、と今なら思う。しかし当時はそこに思いを馳せることはなく、身につけたはずの「共感性と自分の感覚の黄金比率」の微妙な調合に明け暮れていた。

特番の天国から、レギュラーの地獄。ゴールデンタイムのお笑い番組は、1年あまりで終わった。

2011年〜2016年

ゴールデンタイムで視聴率を目指す日々

ここで改めて、これが欲しくて僕がジタバタしていた「視聴率」についてお話しします。

視聴率は大まかに言うと2種類あり、テレビを所有している世帯のうち、どのくらいの世帯がテレビをつけていたかを示す割合（世帯視聴率）と、4歳以上の個人がどのくらいテレビを視聴したかを示す割合（個人視聴率）に分けられます。個人視聴率の方が、年齢や性別までより詳しく視聴者の情報が分析できるため、最近のテレビ業界内は個人視聴率で語られることがほとんどです。

ではなぜ民放は視聴率の獲得を目指すのか？　それは、CMのスポンサー企業から民放に入る広告料金に反映されるから。ざっくり言えば、視聴率が上がるほど広告料金は上がり、会社としての収入も増加するわけです。特にゴールデンタイム（夜7時～夜10時）の料金設定は高いため、この時間帯での視聴率獲得は超重要。

そんな理由はありますが、そもそもテレビマンは制作した番組を純粋にたくさんの人に見てほしいもの。視聴率はそのオフィシャルな通信簿なので、テレビマンはそれに一喜一憂しているのです。

そして２０１１年9月。「コレってアリですか？」が終了するのと同じタイミングで、深夜帯でもう一つ演出していた中山秀征さんMCの「バカなフリして聞いてみた」も終了してしまった。中山さんの高いトークスキルを存分に生かした、ちょっと下世話な情報トークで面白かったのだが。

その後２０１２年６月、深夜帯で番組化された「たりないふたり」も、３か月の放送を終えた。

当時39歳。担当番組が何もかもなくなった、どん底状態。この後自分はディレクターとしてどうしたいんだろう？　と考えた時に、「もう一度ゴールデンタイムで番組を作りたい」と思った。しかも「キレてもいいですか？」のような打ち上げ花火みたいな特番ではなく、レギュラー番組として継続的に結果を出す番組。これは、以下のことをグダグダ考えて導いた結論だった。

深夜帯でいくら話題性のある番組を立ち上げても、ゴールデンタイムでヒットさせてこそ一人前、会社に貢献できる。当時のテレビ界は、そんな空気に覆われていた。

そしてそれ以上に、やはりなるべく数多くの幅広い人に番組を届けたいと思った。それがテレビの大きな使命だし、テレビを志した以上、それをやってみたい、やるべきだ。

それはひと言で言うと、「視聴率を取りたい」ってことなんだけど……。

引いて考えると、ちょっと挫折したくらいで素直にそう思える人間だから、特に疑問も持たず偏差値を上げるための勉強をして大学に進み、安定した企業に就職するルートしか想定しなかったんだよなあ。面白味がない人間だし、特に疑問を持たずこれができる従順な人間だから会社は採用したんだろうし、社会の構成要員としては良寄りの可だよなあ……。だから俺は「自分は面白い」という過信か確信で、そんなルートを辿らないお笑い芸人さんという存在をリスペクトするし、「俺にはとても敵わない」という敗北感があるんだよなあ……。

いや、こんな綺麗事で語るのはやめよう。もっと心の奥の奥をほじくってさらけ出してみれば、「お前の言ってることは数字取れないよ」「お前みたいな人間には誰もついてこないよ」と自分を頭ごなしに否定した人間や、自分を裏でせっせと妨害してきた人間の鼻を明かしたい。そんなダサすぎる復讐の念。王道じゃない自分だって本気で目指せば、視聴率を取れるんだ、というちっぽけなプライド。そして、ずっと苛(さいな)まれてきた「世間とズレている劣等感」を克服したい。そうすれば「たりない自分」を変えられる。「たりない側」から「たりてる側」に行けるんだ……こんないろいろを脳内会議でぐちゃぐちゃ繰り広げ、結果「ゴールデンレギュラー番組で視聴率を取り続けたい」を結論としたわけです（つくづく面倒くさい人間だ……。笑）。

とはいえ、視聴率が取れなかった制作者が少々干されるのは当たり前のこと。次の出番に備えてバットを磨いているディレクターは山ほどいる。チャンスを与えられて結果を出せなかったら、次の試合に出るのは至難の業。そのために当時のゴールデンタイムの視聴者のニーズを自分なりに考えた。

まず決めたのは「お笑い番組」をやめよう、ということ。当時、芸人さんの冠番組は軒並み視聴率が取れなかった。もちろん真芯をとらえたお笑い番組なら視聴率もついてくるだろう。しかし放送期間1年あまりで終了させてしまった再現コント番組「コレってアリですか?」での苦悩が、お笑い番組を作る自信を打ち砕いていた。

ただでさえ、僕にとっては自分の臓物をさらけ出すような、恥ずかしく、しんどいことも多いのがお笑い番組の制作。自分は笑えるものを作れるんだ、って勘違いでもできないと、作るのは辛かった。

封印する、なんてバカげているけど、これ以上ゴールデンタイムでお笑い番組を続けると、大好きなお笑い自体嫌いになってしまう気がした。それよりはマシだと思った。

そして番組を見てくれるであろう視聴者の顔を頭の中で必死に想像した。ライブはその公演を見たいお客さんがチケットを買って集まってくれる。テレビはそうとは限らない。ザッピングでふらっと店先を通りかかっただけの、世代や趣味志向がバラバラな人にもドアを開けて中に入ってもらう。そんな番組を作るには、誰もが興味を抱ける普遍性を持ちつつ、でも他の番組以上に見たくなる刺激というスパイスを絶妙なバランスで振りかけて……。お笑い番組じゃなくても、結局またバランス勝負。たりない俺にはこのやり方しかない！　そんな精神で企画書をとにかく作った。

その甲斐あってか2012年7月、お昼のチャレンジ枠で結果を出し、再び火曜日夜9時のレギュラーになった番組が「解決！ナイナイアンサー」。「人生相談」という、時にヘビーになるテーマを柱に据えた企画。MCはナインティナインさん。人気も華もある二人に助けていただき、幅広い世代の方が我が事として身につまされ、時に涙し、時に笑える、人の心を動かすエンターテイメントを目指した。

それにはまず最低限自分の心が動く中身にする必要がある。収録や編集の間、感動して涙を流すことがよくあった。そんな時は冷静な頭にもなり、ああ、自分はこういうことで泣くんだなあ、なんで泣いたんだろうか、こんな育ち方が原因かな。他のみんなはどうなんだろうか……と自分の感情を、視聴者の皆さんに番組が描いた内容が伝わるかのバロメーター代わりにして、分析に使っていた。

元々は、芸能人のお悩みに異端の相談員20人が答えます、という企画だったが、その一員だった心理カウンセラーの心屋仁之助さんが発する「魔法の言葉」に、相談する芸能人の皆さんが本気で涙する異例の事態が続出。話題を呼び、この時間帯で戦えるヒット番組に成長した。

加えて2013年にスタートしたのが、木曜日夜7時のレギュラー番組「得する人損する人」。MCはフットボールアワー後藤輝基さんと羽鳥慎一さん。元々は「あのニュースで得する人損する人」というタイトルで、ある一つの時事テーマに対し、どんな属性の人が得をし、どんな属性の人が損をしてしまうかを紐解く情報バラエティとしてスタートした。

しかし面白く、かつ明確に得か損か分類できるニュースなんて、そんなにあるものではない。すぐネタに行き詰まり、視聴率も下降。このままでは1年持たず打ち切りだ。

そこであらゆるジャンルの企画をめまぐるしく試した。ネットで「どこが『あのニュースで』だよ！　ニュース関係ないじゃん」みたいな叩かれ方をしたが、なりふり構っていられなかった。節約、健康、旅、グルメ、掃除……、この手の番組が軒並み触る、よく言えば普遍の、悪く言えばベタ付いた題材に一通りチャレンジした。そんな中でもMCのフット後藤さん、羽鳥さんは番組の迷走を「毎週いろいろやっとりますけど！」と逆にいじってくれて、どんなVTRも前向きに楽しんでくれていた。ありがたかった。だけど、この状態を続けるのはお二人に申し訳ないし、スタッフも疲弊する。内心はかなり焦っていた。もちろん視聴率が出る朝は相変わらず会社の仮眠スペースで心を整えていた。そしてたどり着いたテーマが、これもまた定番のゴミ屋敷。視聴率的にはなんとかしのいではいたが、このまま続けていても命運が尽きるのは明らかだった。

そんな時、番組にも、自分にとっても転機になるきっかけがあった。

毎回、様々なゴミ屋敷をレポートするのだが、最後は住人の方にも視聴者にもスッキリしてほしくて、業者にお願いして清掃し、その様子をＶＴＲの終わりの部分に短く紹介していた。そんなある日の会議でディレクターが、ある芸人さんの掃除術が一部で評判だ、と発言をした。

正直、いつものゴミ屋敷ＶＴＲより多少変化がつけば……くらいの軽い気持ちで、その芸人さんに清掃ブロックをお願いした。そしてロケＶＴＲをスタッフ立ち会いの下でプレビューした時、その鮮やかで理にかなった掃除術に目を奪われた。

いや、正直に言うと、全く掃除に興味がない自分は、器用な芸人さんだなあ……くらいにしか思えなかった。目を輝かせていたのは、女性の制作スタッフたちだった。普段、会議やＶＴＲのプレビューであまり意見を言わない彼女たちに、どこがそんなにいいのか理由を聞いた。

芸人さんが披露したのは、お風呂場の天井の掃除術。クイックルワイパー的な棒の先をキッチンペーパーでくるんで、ささっと天井を拭き取るという方法だった。確かにどの家にもあるものを利用するから費用はかからないけど……。そこで、彼女たちが口々に話した内容は僕にとってはめちゃくちゃ新鮮だった。

「お風呂の天井は放っておくと湿気でカビやすいんです」

「かといって、きちんと掃除するのは面倒くさい」

「だからお風呂から出る時、いつもはシャワーでささっと流すんですけど……」

それでいいじゃない？　と僕が言うと、彼女たちは一斉にかぶりを振った。

「それだと、汚れているかもしれない天井を流した水が、せっかく洗った体にかかっちゃうんです」

「この芸人さんの方法ならその心配がないんです」

心の底から「……なるほど！」と唸った。リアルな意見だった。面白いと思ったし、彼女たちの言葉に熱があったことが嬉しかった。

それまでは、姿形が見えない視聴者を一生懸命想像して作っていたが、まずは彼女たちスタッフも楽しめる番組を作る、と軸が定まった。さらに、この掃除法のよさを強調するために、彼女たちが語った「こういう時に困る」という部分を丁寧に描く。お笑いで、「きっちりフリを入れた方がオチが効く」のと同じこと。

そしてこのゴミ屋敷コーナーにレギュラーとして出演し始めた芸人さん、名前をジユーシーズというトリオ（現在は解散）の松橋周太呂さんは、なんと、簡単に作れる美味しい料理レシピにも詳しいという。主婦の気持ちを知り尽くした掃除術と料理術を兼ね備えた家事万能芸人。面白い。臆面もなく、彼を「家事えもん」と名付けた。ちょっと躊躇はあったけど。

彼がゴミ屋敷のみならず大家族の家、芸能人の家、相撲部屋、様々なおうちを訪問しては家事の悩みを解決する。このロケ企画が定着するにつれて、どんどん視聴率が上向いた。その後も、料理の早ワザが得意な「ウル得マン」こと犬の心（現在は解散）いけや賢二さんなど、家事もできる二刀流の芸人さんを集めて「得損ヒーローズ」と銘打ち、番組カラーとして打ち出した。するとMCのフット後藤さんと羽鳥さんが、彼らのテクニックのすごさとキャラクターとしての魅力を視聴者にわかりやすく通訳するコメントをどんどん発してくれた。

そのMC技術と優しさのおかげもあって、得損ヒーローズは出版や講演会でも活躍する人気者になった。

「得する人損する人」（いつの間にかしれっと「あのニュースで」を取った）然り、

「解決!ナイナイアンサー」然り。たとえジャンルとしてはベタ付いていようとも、心屋さんや家事えもんなど「人間の面白さ」があれば、その企画は魅力的になる、と痛感した。そして自分は、やはりとことん興味の対象が、人間なんだと思った。

スタッフに喜んでもらうことも大切。制作チーム、さらに出演者がその番組を心から愛し、楽しんで作れば視聴者にも熱が画面から伝わり、パワーや魅力として感じてもらえるんじゃないか。「人間の面白さ」や、「人間が面白がる熱」が、ゴールデン番組で視聴率を取ることにプラスだとしたら……。

たとえジャンルはお笑いじゃなくても、たりない自分でも、楽しみながらゴールデンタイムという荒野を走れるんじゃないかと、前を向くことができた。

2017年〜2018年

ゴールデン番組は5年で終わった

早速終わりの話です。前のブロックで景気のいいことを書いていた「解決！ナイナイアンサー」も「得する人損する人」も、それぞれ5年間で終了した。2017年から2018年にかけてのことだった。

理由は様々あったが、それら全部ひっくるめて、自分の能力、器のたりなさ故だったのは間違いない。

いずれの番組も、終盤に視聴率が上がらなくなってきた頃は、演出の自分がブレてはダメだと思うあまり、いろんな人の意見に耳を傾ける柔軟性が乏しくなった。精神的に追い詰められた僕は、番組の中身や作り方についてもらうアドバイスをただの小言だととらえるようになった。意見を言う人のことを、クリエーターもどきの自意識で人が作るものの価値下げをしたがっている、と思い込んだ。だから自分と異なる意見をさらっと受け流せず、いちいち引っかかって過剰反応した。面白さの感じ方は人それぞれで多様なジャンルのエンターテイメントがあっていい、という自分の信条にこだわるあまり、意固地になっていた。意見を言ってくれた方々も、言う気をなくすだろう。かわいくないな、俺。そのうち、社内に「あの番組、かなりやばくて自転車操業らしいよ」「スタッフもバラバラだし」といった嫌な噂が蔓延。これは番組継続の黄色信号。旗色の悪さを気にした僕は、慣れない根回しにトライした。

影響力がありそうな方々を相手に、現状の釈明と今後の新企画の見通しをアピール。かつての、視聴率が悪かった時仮眠スペースで横になって心を整えていただけの俺とは違う、と握り拳を作りながら。しかし、信じられないくらい、僕の言葉は相手に刺さらなかった。それはそうだ。急にペコペコしてるんだから（笑）。

一方、番組の内容面で言うと……。それまでに視聴率がよく、結果が出ている内容に固執してしまった。出演者もスタッフも、誰より自分が毎週同じような内容の繰り返しに飽きている。しかし、視聴者はどうだろうか？　まだ同じ内容を見たいのではないか？　レストランの料理人のエゴで新しい料理を提供しても、お客さんはこの料理を食べたかったわけじゃないんだ、と店から離れてしまうんじゃないか？　そんな恐怖心から、番組の新しい鉱脈となる企画にトライせず保守的になっていた。

たとえば生活情報番組として安定する以前の「得する人損する人」は、毎回違う内容で構成していたため、視聴者には何の番組か伝わらず定着しにくかったし、また制作スタッフの負担も大きかった。そんな苦しみを繰り返したくないという思惑もあった。

でも、正直に言うと、何より自分が限界に達していたのだ。

そもそも、ゴールデンタイムというど真ん中の時間帯の視聴者ニーズを的確に捉え、演出し続けることは、元々テレビの王道の感覚を自然に備えていない「たりない自分」にとっては、負荷がかかることだった。

何度も言うが、誰もが興味を持てる普遍性を探りつつ、刺激というスパイスを考えた量で振りかけて……という、〝バランス命〟でやってきた自分が必死にもがく期間として、当時の僕の実力とメンタルでは5年間が限界だった。

オードリー春日に東大受験をしたい、という意向があると聞いて、その挑戦に密着するなどの起爆剤はあったが、受験終了後はまた視聴率は下降。「解決！ナイナイアンサー」に続いて「得する人損する人」も終了。

出演者とスタッフへの申し訳なさと自分への失望で、しばらく自分を責め続けた。

2012年〜2017年

有吉さん、バカリさん、東野さん……演者さんの〝力〟に助けられた

どうしても、暗くネガティブな話が続きがちで申し訳ないです。

この間、ここまで触れた番組以外にも放送の時間帯やレギュラー・特番を問わず、幅広いジャンルの番組を、かなりの数演出していました。

このブロックでは、その一部ではありますが、それぞれの番組での楽しい記憶を取り上げます。演者さんの〝力〟に助けてもらいました。

「ウーマン・オン・ザ・プラネット」（2012年〜2015年）〜有吉さんの〝裁断力〟

毎週土曜日夜11時30分〜放送していた、夢を追って海外移住する女性に密着したり

アルドキュメントバラエティ。スタジオでMC有吉弘行さん、森三中大島美幸さん、山本美月さん（番組途中からは、女性メンバーは大島優子さんに）達にロケVTRを見ていただき、コメントをもらう。

中でも、有吉さんの言葉はなぜこんなにも芯を食うのか、と思った。収録前に大した打ち合わせもしていない。でも、たとえ内容の焦点がぼやけたVTRでも、有吉さんのコメントで裁断すると、想像していなかった断面が現れて急に輪郭がシャープになる。切れ味がよすぎることもあるが、対象への愛と笑いが絶妙なバランスだから決して嫌ではない。

スタジオ収録に向け、そんな有吉さんの予想をいい意味で裏切りたい、と思ってVTRを作っていたし、スタジオ収録の結果、有吉さんのコメントをガイドにして、放送に向けて改めてVTRを練り直すこともあった。「スタジオにVTRを出す」という、ルーティン化しがちな演出を、いい緊張感を持ってやれたことはありがたかった。

最近も有吉さんの〝裁断力〟を、スタジオトーク特番「有吉の！みんなは触れてこないけどホントは聞いてほしい話」（2023年）で発揮してもらった。ゲストは、メンタルの病気を経験した芸能人の皆さん。配慮はしつつも、あくまで有吉さんは自然体。リアルな経験談に対し、突っ込むところは突っ込み、笑いも作る。有吉さんらしい質問やコメントが、ゲストの魅力的な人間性という断面を鮮やかに浮かび上がらせていた。

「ヨロシクご検討ください」（2014年～2017年）～バカリズムの〝切り取り力〟

南キャン山ちゃん、オードリー若林くんと、バカリズム、坂上忍さんの座組みトークバラエティ。3か月に1度、日曜日夜10時30分～の放送が恒例化していた特番。こんなことをなぜ考えつくのか、その思考回路が気になる。そんな異才ばかりを集めてトークする座組みを作りたかった。なので、「最近○○なことがあった」みたいなエピソードを語るのではなく、「世の中にこんな提案をしたい」と自分が考えたプランをプレゼンする、というトーク企画にした。

この括りはかなり演者サイドに負荷がかかる。

「今、世の中のこんな風潮に問題意識がある」＋「それはこうすれば改善できる」という2段階を、自分自身で練り上げる必要があるからだ。これをスタッフがそもそもの提案を発信したり、ガッチリ構成したりしてしまうと本番の時に演者さんの熱がこもらず、面白くなりにくい。そして、やはりバカリズムの提案がすごかった。

「感謝するにしても、そこまでじゃない場面がある。そんな時に使える言葉『ういっす』を国語辞典に載せる」「男子校と共学で、女子がいるいないの差は大きい。だから甲子園では、男子校に無条件で2点あげたところから試合をスタートさせる」など、「確かに！」という共感性と、「面白い！」という尖った切り口を兼ね備えたバカリズムの秀逸な「切り取り力」を見せてもらった。

特に、初回放送のオープニングトークを収録した時は鮮やかだった。それぞれ過去に共演したことはあるが、4人揃ってのトークは初めてに近い。僕としてはまだ手探りな状態での、バカリズムのこのコメントにはしびれた。

「我々4人は妬(ねた)み嫉(そね)み恨み辛みの『闇4』ですね」

4人を見事に切り取ったこの言葉。これで、一気に番組の方向性が定まった。きっとこの番組は正式タイトルではなく「闇4」として記憶している人の方が多いのではないか。あの時の4人は、調和を保ちながらもいい意味で競い合うヒリヒリさもあって、あのタイミングで番組をご一緒できたのはとても幸せだった（もちろん可能なら今でもやりたいけれど）。

「耳が痛いテレビ」（2012年～2016年）～東野さんの〝裁く力〟

視聴者からの思わず耳が痛くなるようなご意見電話に、芸能人が直接回答する、というトーク番組。夜7時からの2時間特番として数回放送した。

企画のヒントは、日本テレビの新人研修だった。

視聴者からのご意見電話が直接かかってくる「視聴者センター」という部署で、臨時オペレーターをするという研修。クレームが大半だが、時には芸能人のちょっとした言動の意図を、そこまで深く考えているのか……と思わず感心してしまう電話もあった。そこで、当事者の芸能人に直接電話をぶつけてもらう、ドキュメント性が高いトーク番組として企画したのだ。

電話をかけてくるのは芸能人への怒り、愛……とにかく本気の熱を持つ一般の方。

スタジオで、芸能人パネラーの皆さんがズラリと座り、席の横には一人分ずつ電話が置いてある。いつ、誰にどんな電話がかかってくるかわからない。クレームや難癖もあるかもしれない。そんな電話を受けたら、パネラーも冷静ではいられず、怒りや悔しさなど本音がストレートに出る可能性がある。ピリッとした緊張感が高まる。

一方、30人ほどの観覧のお客さんが、パネラーと向かい合わせで座る。するとパネラーの頭の中には、「これはあくまでテレビ番組」つまり「エンターテイメント」だという意識がおそらく残り、腹の立つ電話にも芸能人としての自分を保たねばという枷（かせ）が生まれるはず。

そんないろいろな人間の様々な感情という水が、表面張力でなんとかキープされているような微妙なスタジオの状態を作り、あとはMCの東野幸治さんにお任せする。「テレビ」「芸能界」「視聴者」の愛憎入り交じる三角関係に興味が止まらないトークの達人が、自ら電話の受け手としても参加しながら、笑いをまぶしつつドラマチックな流れを作り出していく。

たとえば文化人パネラーA宛の電話。「テレビ番組によく出ているけど、本業はおろそかになっていないか？」を、ＢやＣへも話を振って答えさせて、パネラー全体の我が事にする。そして目の前の観覧客を相手に、パネラーが全員で「自分たち芸能人はいつもこんな思いで頑張っている」と真意を説明するような構図を作る。パネラーも話しやすそうだ。しかし、時には電話を受けた芸能人Ｄにあえて手をさしのべず、一人で電話と対峙させる瞬間も作り出し、緊張感を演出する。

そんな中で、視聴者の芸能人への愛、テレビ愛を感じて、パネラーが心から電話に感謝する場面も生まれた。東野さんの〝裁く力〟のおかげで、チーム戦と個人戦を巧みに織り交ぜて、真剣さとエンターテイメントが絶妙なバランスで成り立った新鮮なトーク番組が出来上がった。

他にも、林修先生が、女性の幸せな生き方について本音とデータをベースに説くアカデミックバラエティ「グサッとアカデミア」（２０１５年〜２０１８年）の企画・演出も担当した。他の番組ではあまり見られない辛口な〝悪い林先生〟が躍動していた。林先生は本当にクレバーな方で、聞き手（視聴者）の心理、自分の見せ方を熟知していた。一流の予備校講師は一流のテレビタレントでもあった。打ち合わせでも、どんどん刺激的な提案をくださったのがありがたかった。

そして、編成部に異動していた時に企画した番組だが、堺雅人さんに架空の政党の党首を演じてもらった深夜番組「恋愛新党」(2008年)も印象深い。「いかに恋愛が大切かを演説する党首」というコント的な設定の役柄を演じるに当たり、参考資料として、民主党の大統領候補だったバラク・オバマが演説しているVTRを見たいとオーダーされた。まだ候補の一人に過ぎず、日本での知名度は高くない頃だったが「とにかく演説がうまい」という情報を耳にしたから、という。

打ち合わせは大河ドラマの撮影中だというNHKで行った。お殿様の衣装とかつらをつけて現れた堺さん。取り寄せた全編英語のVTRを見たそうで、「演技の参考になりました」と、くしゃっと笑った。この人、どこからどこまでが本気なのか？めちゃくちゃ魅力的だなあと思った。その後、とにかく好奇心旺盛な堺さんを僕が案内する形で、東京03の単独公演など、二人でお笑いの舞台をあちこち訪れた。ある時は大阪まで泊まりがけでダイナマイト関西(バッファロー吾郎プロデュースの大喜利イベント）を見に行ったことも。その度に芸人さんのスキルとハートに感じ入っていた堺さんが、今も03と楽しそうに共演している姿を見ると、なんだか嬉しくなる。

2018年

最後にお笑い番組を「犬も食わない」——水卜さんの〝熱〟

ゴールデンタイムのレギュラー番組「解決!ナイナイアンサー」と「得する人損する人」が5年間で終了。

前節で触れた、その間演出していた他のレギュラー番組や特番などもほとんどが終了していた2018年秋。45歳になっていた。自分の演出家としてのキャリアも秋風に吹かれているのを切実に感じていた。

次が最後だとしたらどんな番組がやりたいだろう。そう考えた末、テレビと向き合う時にずっとやってきた、世の最大公約数と自分の趣向や刺激性のバランスを取る手法はやめよう、思いっきり振り切った、今の自分が本当に面白いと感じるお笑い番組をやりたい、と思い至った。

それは考えてみれば、「落下女」以来のことだった。どうせなら新しいものを作りたい。かといって、独りよがりで視聴者に伝わらないお笑い番組は、もう面白いと思えない。ウエルメイドな喜劇も違う気がしたし、10代の視聴者の人気を狙えそうなキャラクターコントも、40代半ばの自分には正直面白いとは思えない。しかし、今を生きるおじさんや女性のリアルないやらしさや葛藤、人間くささを描くなら、興味もあるし何かを作れそうな気がする。何度もフレームを考えては崩した。信頼できる作家陣やディレクター陣にも相談しながら、ようやく企画書は完成した。

AとBの異なる属性の人。たとえば、Aは「(若い女性への興味を隠さない)港区おじさん」で、Bは「(もはや女性には興味がないと語る)マラソンにハマったおじさん」。そんなAとBが、自分の生き方や考え方がいかに素晴らしいか主張しつつ、互いの属性がいかに間違っているかを攻撃し合う小競り合い。

港区おじさん「やっぱり女性は最高だね。マラソンなんて無理して格好つけてるだけじゃないの？」

マラソンおじさん「おじさんなのに女性と遊ぶなんて時間と金のムダ。マラソンの方がよっぽど気持ちいいよ」

当事者同士は大まじめに互いを否定し合うのだが、端から見ると大差ないし、そもそもどちらでもいい。当時そんな、本質は似たもの同士の局地的な争いが、世の中に蔓延していると思ったし、同じように感じている人も多いんじゃないかと考えた。そこでタイトルは、「ディスり合いバトルコント　犬も食わない」と付けた。そしてある属性を代表（レペゼン）して世に訴えるという精神はヒップホップに近いんじゃないかと思い、「たりないふたり」で関係が生まれたヒップホップユニットのＣｒｅｅｐｙ Ｎｕｔｓにテーマ曲をお願いした（Ｃｒｅｅｐｙ Ｎｕｔｓに関しては次章で書きます）。

実際の見せ方は、このAとBを描いたコントを芸人さんや俳優さんに演じてもらい、それぞれの主張を交互に切り替えながら見せていく手法。ストーリーはあるが、「架空の人物AとBに密着するドキュメンタリー」という設定なので、所作やセリフの細かいところまではカッチリ決めずに撮影する。つまり演者さんの即興の演技次第でいかようにも膨らむ。

このアドリブ部分が特に面白くなった。それは、ご出演いただいた芸人さんや俳優さんの力量のおかげだった。コントVTRのチェックをしながらも、その演技のエグツなさに怖くなるほどだった。

そして、そのVTRを見るスタジオには、MCとしてオードリー若林くんと日本テレビアナウンサー・水卜(みうら)麻美さんがいる。

時に乱暴で極端な主張が続くVTRを懐深く受け止めていただき、どちらが応援できるか？ という目線でお互いの頭の中をぶちまけてもらう。加えて二人には、最終的な意見を番組公式アカウントからツイートしてもらい、世の中への拡散を狙う。この二人の存在があって、初めて番組として成立すると思っていた。

水卜麻美というアナウンサーは、とても不思議な魅力がある人だ。芸人さんなど出演者に深いリスペクトを持つ謙虚な人で、「自分に自信がない……」と打ち合わせの時にこぼす姿は本心からだと思う。しかし、大型特番の大舞台やレギュラー番組のMCとして本番を迎えると、アナウンサーとしてのスタンスを保ちつつ、圧倒的なオーラを放ち、それが説得力と信頼感を作っている。このオーラは内面に絶対の自信を秘めていなければ表に現れないと思う。

そんな多面的な水卜さんの新たな顔を、コントVTRをきっかけにして若林くんがニヤニヤしながら引き出していく。後に、南キャン山ちゃんが「なぜこの番組のMCは自分じゃないんだ」と嫉妬していたと聞くことになるのだが、確かにそれくらい若林・水卜はめちゃくちゃフィットしていた（あまり言うとまた山ちゃんに怒られる）。「たりないふたり」での山ちゃんポジションを、水卜さんが担っている感じもあった。それができたのは、もしかして水卜さんと山ちゃん、似ているふたりなのかもしれない。

そういえば、水卜さんにも山ちゃんのように「何かをやりたい」熱が極端なほど充満している。若林くんが、時にその熱さを怖がるほどだ。そんな彼女の熱望もあって、「犬も食わない」から派生したトークライブを開催したのだが、彼女はそこで話すエピソードをとにかく生真面目に、高いクオリティのものを数多く用意してきていた。もう一つ彼女が用意してきたのは「お客さんに感謝の気持ちを表したい」と一枚一枚手書きでメッセージを記入した、番組ロゴ入りのシール350枚。トーク終了後、会場のお客さん全員に配っていた。その行動を、若林くんはいつも以上に怖がっていた(笑)。

そんなMC二人、コント出演者、スタッフの熱に支えられて、「犬も食わない」は(1クールの期間限定放送ではあったが)思う存分に作ることができた。SNSで話題になったり、サブカル誌で特集してもらったり評価もいただいたりして、自分の中に徐々に、意欲と自信が戻ってきていた。まだ演出のキャリアを続けたい。最後まで、やはりお笑い番組をやっていたい。

山ちゃんからあの電話がかかってきたのは、そんな風に腹を括れた頃だった。

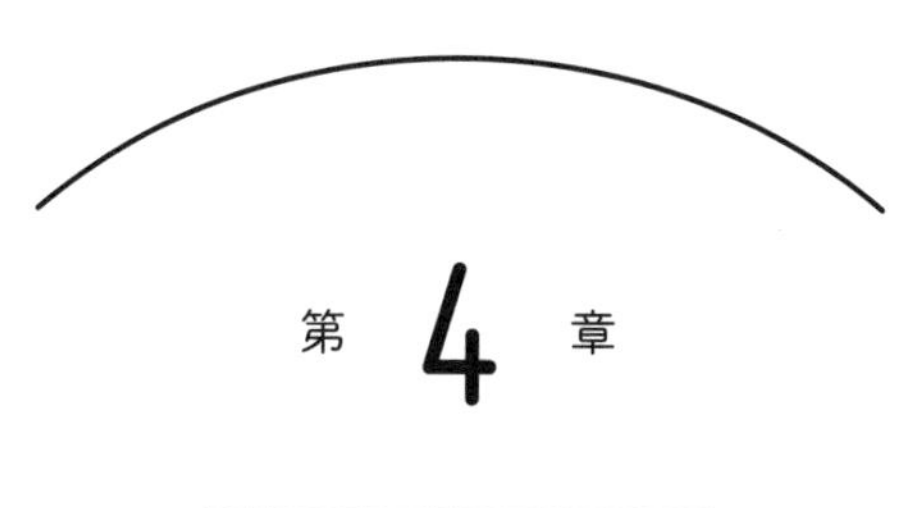

第4章

「たりないふたり」復活から解散まで

2019年～2021年

2019年

「たりないふたり」5年ぶりの復活

「もっとたりないふたり」放送、旧・渋谷公会堂でのライブ「山里関節祭り」から5年が経過した2019年6月3日深夜、山ちゃんから珍しく電話があった。

蒼井優さんと結婚する。明日発表する前に報告したかった、と。

驚きすぎてふわふわした答えになってしまい、おめでとうとしか言えなかったので、改めてLINEを送った。

返信は、「やっとこれで『たりないふたり』ができますね」だった。

確かにそうかもしれない、と思った。「二人の人間性」を生かした新しいことはもうできなくなってしまった気がしたけれど、恋愛も結婚もできないと散々ネタにしてきた男が、人生の新しいステージに立つ。それをテーマにして漫才が作れるかもしれない。

それに、封印のもう一つの理由。テレビの世界で戦いゴールデンタイムを目指す、という目標だが、二人はこの5年間でMCとして実績を積み十分叶えた。一方僕もゴールデンタイムで視聴率を取った。ボロボロになるまで戦った。このタイミングなら、「たりないふたり」の集大成を作れるかもしれないと思った。

若林くんはこの5年の間にも、「山ちゃんとやれそうなの思いつきました」と、たびたび漫才の設定をLINEしてきた。彼も復活のタイミングを待っていた。会う時はそれぞれ別だったが、二人とも互いをずっと気にして、仕事ぶりをチェックしているのがわかる。若林くんは、各局でMCを張る山ちゃんの才能に改めて感嘆しつつ、複雑であろう心中を慮っていた。

「でも山ちゃん、今の仕事に満足してない顔してますね。MCって、思ったより窮屈ですからね……」

山ちゃんも、また。

「若ちゃん、ゴールデンで自分を抑えこんでMCやれちゃう人だからね。でもクレイジーな本性は出せないから、ストレス溜まってないかね……」

この5年。濃密な関係ではなくなったけれど、二人は離れたところで同じようなリズムで呼吸をしていた。

山ちゃんから電話があった翌日。「山ちゃん結婚」のニュースは世間にとんでもないインパクトを与えた。山ちゃんのイメージが一変。記者会見での振る舞いが紳士的で優しい、実はスペックが高い、そもそも脚も長い……など、一夜にして誰もが祝福する存在になったのだ（変わらずクズなのに。いい意味で）。

そんなプラスのイメージはありがたいだろうけど、従来の山ちゃんの笑いの取り方にとっては足枷にもなるだろう。国民が祝福する人が「僕、たりないんです」って言っている場合じゃなくなった。山ちゃんの状況、こんがらがっているけれど面白い。

若林くんだって、いつ結婚するかわからない。当時、交際している女性（現在の奥様）がいることは、こっそり聞いていた。だとすれば、山ちゃん＝〝国民的人気者の新婚状態〟、若林くん＝〝たりないままの独身状態〟の構図でライブをやったら、どう考えても面白くなるはず。

今しかない。そして、それに気づいているのは、きっと世界中で自分だけ……。

5年ぶりにあの使命感が襲ってきた。開催に向けて、急いで動こう。絶対復活を待ってくれている人たちがいるはずだ。そんなファンのためにも。

とにかくまずは二人のスケジュール。直近でなんとか合う日が、2019年11月3日だった。その日、都内近郊でそれなりのキャパシティもあり、唯一空いていた会場が、横浜ランドマークホールだった。

すぐに押さえなければならない。会社の承認を待つ時間はない。おそらく「なんでそのライブをやる必要があるのか」「久しぶりのライブだけど収支は整うか」的な問いかけがあり、その検証に時間がかかる。必要な手続きを全てすっ飛ばし会場を押さえ、お笑いライブ制作会社のK－PROさんと話をし、ライブ開催を着地させた。あくまでも主催は局ではなくプロダクション。僕個人は、久々の「趣味の一環」を発動させて演出すればいいと思っていた。

しかし、そんな見通しは甘かった。「安島がなんだか勝手に動いているらしい」という噂を聞きつけた偉い人に呼び出され、きっちり怒られた。

仰る通りです。当時既に46歳の管理職おじさんの仕事の仕方とは思えない。こんな大規模なライブ開催を「趣味の一環」理論で乗り切れると思った自分が愚かすぎる。本当にすみませんと謝るしかない……。

だが、内心「やらなきゃいけない、それも『今』！　という俺の熱に、水をかけないでくださいよ、うるせーな」と逆ギレしていた。だって、そもそも会社がイベントの開催許可をくれるかどうかもわからないじゃないですか？　それを待っていて会場が他のイベントに押さえられちゃったら、このタイミングでライブできないんですよ？　と。……いかれてますよね。「二人と、このライブを待っているファンのために、今『たりないふたり』を開催できるなら、あとはどうなってもいい」。本気でそう考えていたし、今でもその選択は完全に正しかったと思っている。会社員としては、完全に間違いです（笑）。

ゴタゴタの後、ようやく中身を考える。毎回、たとえ内容が煮詰まっていなくても、僕が先行してタイトルを考えて二人に伝えることが恒例化していた。僕がふんわりとイメージしているその回のテーマを、タイトルを通じて二人と共有する狙いもあった。

二人の人間性を武器にしたお笑いをやろう、と「たりないふたり」と名付けた。次のシリーズは「たりないふたり」を超えた作品にしたいし、二人がさらに「たりなさ」をこじらせている気がして「もっとたりないふたり」にした。

そして考えた末、5年ぶりに復活する今回のライブは、「さよなら　たりないふたり〜みなとみらいであいましょう〜」と名付けて、二人それぞれに伝えた。

一体どういう意味なのか？　二人に聞かれて、僕は理由を答えた。それは危険な博打のお誘いだった。

2019年

狂気と涙の「さよなら たりないふたり」

なぜライブのメインタイトルは「さよなら たりないふたり」、サブタイトルを「みなとみらいであいましょう」にしたのか？

まずはサブタイトルの理由から。

2019年11月3日。横浜ランドマークホール。

この日程と会場で、なんとかライブ開催決定に持ち込んだのだけれど、二人はとにかく忙しく、打ち合わせしようにもスケジュールが合わない。急に開催を決めたので、他の仕事の調整も難しい。結果、じっくり打ち合わせできるタイミングは、本番まで数回しかないとわかった。実際、山ちゃんの結婚時点で二人は半年以上会っていなかった。

二人とも番組MCのオファーが多いのでパネラーとしての共演もないし、二人だけでプライベートで会う関係でもないから、あり得ることだ。そこで、この偶然生まれた状況を逆手に取って、ライブの仕掛けとして生かせないかと考えた。

今回のライブを、かつての「たりないふたり」のようにガッチリ構築しようとすると、限りある打ち合わせ時間では中途半端なものになってしまう。であれば、本番まで このまま全く会わず、事前打ち合わせもなし。ぶっつけ本番で漫才をするという刺激的な企画はどうだろうか？　互いへの様々な思いを持ちながら久しぶりにぶつかる、二人の化学反応の一番新鮮で生々しいところを切り取れるはずだ。

チケットは即完し、お笑いライブとしては過去最多の全国53か所もの映画館でのライブビューイングが決まっていた。二人にとって、この大舞台では怖すぎる博打だろうが、僕の計算では勝てるはず。根拠が2つあった。大きいのは、「たりないふたり」

「もっとたりないふたり」で長年、突き詰めた会議をやった財産として、二人が互いの漫才のやり口をある程度読み合えるベースがあること。そして「もっとたりないふたり」ではその場で漫才を作り、披露する企画が成功したこと。

あとは二人への提案の仕方が大切。勝負所に用いる少し悪い手を使ってしまった。こういう大きな提案の時、二人は必ず「若ちゃん（山ちゃん）は何て言ってます？」と聞いてくる。お互いに相手がどう思うか、とても気にするのだ。なので……。

安島「今回のライブ、サブタイを『みなとみらいであいましょう』にしたいなと思って。会場がみなとみらいじゃないですか？　お客さんにそこで5年ぶりに会いましょうね、って意味と若ちゃん（山ちゃん）とも初めてみなとみらいで会う、って意味なんだけど」

山里（若林）「え？　どういうことですか？」

安島「みなとみらいで初めて会うってことで、漫才の事前の打ち合わせはなしで行くってのはどうですか？」

山里（若林）「えっ⁉　それは……」

安島「ちなみに若ちゃん（山ちゃん）はいけるってリアクションだったけど」

山里（若林）「なるほど、いけるか……」

結果的に二人に嘘はついて……ないです。

ただ正直こんな姑息な手を使うまでもなく、二人はこの賭けに乗ると思った。

この5年間ゴールデン番組で結果を出し続けてきた二人が、窮屈そうに見えていた。無理もない。「視聴率を取る」という雲をつかむような目標に向かって、番組の企画の範囲内で、共演者にも制作スタッフにも目配せしながら番組を回すのがMCという仕事。いろんなことを気にしすぎない、いい意味でエゴイストの方がやりやすい職種だと思う。

しかし二人はそういうタイプではなかった。山ちゃんは話題性ある結婚によって、キャスティングされる機会がさらに増えた。スタッフや視聴者に期待されるポジティブイメージを裏切れない、と、守りに入らざるを得ないように見えた。若林くんも、MCとして安定感を増す一方、「たりないふたり」で見せた狂気的な部分は鳴りを潜めていた。エゴを捨て、番組ファーストを心がける誠実さ故に、二人が自分たちの武器を押し殺しているように見えたのだ。

今回のライブで二人のリミッターを取っ払い、彼らが自分でも気づいていない潜在能力の全てをフルに引き出したい。本当はめちゃくちゃお笑いエゴイストじゃないですか？　テレビと違う刺激が欲しいんでしょ？　だったら保険なしで舞台の上で狂いましょうよ、という悪魔のお誘い。結果、二人はこの博打に乗った。誘っておいてなんだが、つくづくいかれた二人だなあと思った（笑）。

それからは、二人と個別に、打ち合わせという名のヒアリングの日々が始まった。日本テレビ朝の生放送「スッキリ」の〝天の声〟見守りの出演が終わった楽屋で、昼の生放送「ヒルナンデス！」放送後に28階の会議室で、夜の幡ヶ谷のカフェで。仕事の話、プライベートの話、その他なんでも。

今回は、今の二人という人間の全てを漫才に落とし込みたかった。山ちゃんも若林くんも、僕との対談みたいなヒアリングで率直にその時の本心を吐き出してくれたと思う。それは3人で話すのとはやはり違っていた。いくら長年の盟友でも同じ芸人同士。相手の気持ちを慮ると直接言えないこともあるのだろう。

テレビ版「たりないふたり」の会議が終わって解散した後、帰り道のタクシーで山ちゃんから愚痴を聞いたことや、若林くんから本音の電話が来たことを思い出した。

そうやって僕という壁に向けて球を打ってもらい、跳ね返すことで、二人に思考を深めてもらう。一人でモヤモヤ考えていることが、誰かに話すことでクリアにまとまることって、ありますよね？　その内容を伝書鳩のように行き来して互いに伝えるのだが、伝えるのはその全てではない。本番で初めて聞いた方がいいこと、相手はこんなことを考えているみたい、と軽く伝えておいた方がいいこと。少しだけ演出という名の脚色を入れて伝えた方がいいこと。自分なりに本番の漫才をイメージして頭の中でプランを組み立てつつ、二人の間をバサバサ飛び回った。

こんな日々が続く中で、「たりないふたり」をもう一度作り直しているような感覚になった。中野の居酒屋で二人を引き合わせる前。それぞれに聞いていた悩みと互いへの思い。それを紡ぎあわせて、「たりないふたり」はできたんだなあと改めて思った。

本番を2週間後に控えた10月末。日本テレビの会議室でいつものように、若林くんに山ちゃんから聞いた悩みを伝えると、「同じですね」、と不意に若林くんが言った。

「10年前に安島さんから聞いた山ちゃんの悩み。今、自分が聞いた山ちゃんの悩み。ずっと、自分と山ちゃんが思っていることは同じでした」

端から見れば公私ともに順調なはずの二人。だけど、今回二人から聞いた話は、大半が今抱える悩みについてだった。そしてその内容は驚くほど似ていた。

「傷ついてきたことが同じだから、俺たちは仲よくなったんですね。安島さんも同じ傷を持っているから、俺たちのことをわかってくれた。俺たちを引き合わせてくれて、ありがとうございます」

若林くんが不意に発するこういう言葉を聞くと、いきなり頬を引っぱたかれた時みたいにハッとして、その後じんわりと熱さが広がるのを感じる。胸が一杯になって、大した言葉も返せずに打ち合わせを再開してしまった。

僕の声がうわずっていたのは、きっとバレていたと思う。

そして迎えた11月3日。

結局9か月間、二人は打ち合わせ時間ゼロどころか顔も合わせないまま、本番に突入することになった。初めて会うのは、あくまで本番のステージの上。リハーサルも別々に行う。舞台裏でも絶対に二人を会わせまいと、スタッフが導線に細心の注意を払う。

時々、「山里さんトイレに行かれますー！　若林さん楽屋から出ないでくださーい!!」というスタッフの絶叫が響き渡る。

一体どうなるのか……。

伝書鳩の僕が互いの本音や、想定する漫才のイメージを伝達している部分はあるが、超ざっくりとしたものだったし、あくまで僕の主観と演出が入っている。最終的に二人が本番でどんな漫才をするつもりなのか。少なくとも僕は読み切れないままこの日を迎えた。多分二人も、その時になってみないとわからないだろう。それぞれが弾をパンパンに詰めて、あとはステージの上でどう弾けるか。爆発が呼び水となって大爆発が起きるのか？　それとも不発で終わるのか？　そんな賭けを楽しむしかないと思ったし、絶対この二人なら爆発は起こせる確信があった。

ヨルシカ「ただ君に晴れ」に乗せて、「山ちゃんが若林くんに結婚を伝えた日」を二人自身が再現するオープニングＶＴＲ。舞台上のセンターに大きな幕が吊り下げられ、映像自体もその幕で左右に分割。向かって左側には山ちゃん、右側には若林くんしか映らない。たとえ映像でも、まだ二人を交わらせない。いい感じにウケている。

そしてついに対面の時。幕を落とし、舞台の上下に立った二人が9か月ぶりに顔を合わせるという演出だ。打ち合わせ段階でこの演出に乗っていた山ちゃんは、ちゃんと「久しぶりだな！」という表情を作り、そのプランにあまり乗り気ではなかった若林くんは、困った顔をしている。いい感じで生々しくズレている。二人が発火しているのが伝わり、お客さんが沸いている。上々の滑り出しだ。

しかし若林くんが、「舞台上で漫才作りの打ち合わせを30分間した後に、漫才披露」というルールをすっ飛ばして、ほぼいきなり漫才に突入したことには慌てた。

確かに、ライブ直前にこのルールを伝えた時には、例のように、なんだかピンとこない顔をしていた。その時点で、本番でぶっ込んでやろうと思っていたのかもしれない。そもそも誰も他人の心の奥底はわからない状態で本番が始まっているので、ここから先は何が起きてもおかしくない。急遽の漫才突入で、舞台裏ではキレる山ちゃん、アタフタするスタッフ。そんな様子を見てケラケラ笑う愉快犯、若林くん。漫才に入ってもその奔放な振る舞いは止まらない。

山ちゃんが今回の漫才用に用意していたであろう、練ったワードによる突っ込みをした時に、「その用意した言葉、やめろ！」と言い放ったのだ。すると山ちゃんが格好よかった。その瞬間、自分が持っていた設計図を破り捨て、誰にも見えていないゴールに向かって飛び込んだ。

そこからはその場で生まれた感情と感情のぶつかり合い。若林くんが空気をつかみながら繰り出す即興のボケ展開を、山ちゃんはとんでもない高速で打ち返し、リターンエースをもぎ取る。

僕が想定していたプランはとっくに超えていた。それは山ちゃんにとっても、若林くんにとってもそうだろう。プランはあくまでプランで、相手の反応や言葉によってどんどん変わっていくし、自分が気づいていなかった自分さえも引き出されていく……。

そうやって二人が、お客さんへの意識が薄れ、互いしか見えない真っ白な世界に入っていくのが舞台袖からはっきりとわかった。そしてアドリブ漫才は80分あまりで見事なオチがついた。

しかし、またも愉快犯・若林くんが動き出す。

先ほどの漫才について反省する、というトークブロックに入ったのに、2度目の漫才を仕掛けたのだ。完全に解き放たれて、若林くんがただただ漫才が好きな漫才小僧に戻っている。

同じく先ほどの漫才で錆が落ちたような山ちゃんが、その誘いに乗り、またも漫才スタート。ここで、スリリングな展開が起きる。若林くんが映画「ジョーカー」のようなダークヒーローと化し、山ちゃんに向けて危険球を連発したのだ。「大女優と結婚し、MCも務める今や大物が、〝たりない〟って言っても説得力がない」「本当はそれに気づいていて、やりにくさを感じているんじゃないんですか？」「ねえ？　令和のライオンMCさん？」と。時として古畑任三郎のモノマネが入るので、ちょいちょい焦点はぼやけるが（笑）、その問いかけはとにかく芯を食っていた。
「それは……ほんとのやつじゃないか？」。山ちゃんの絞り出すような呻きに、改めて二人の本気を感じ取ったお客さんからどよめきが起こる。

僕にとって「さよなら　たりないふたり」というメインタイトルの理由は、まさにここにあった。当時の二人をこんな風に冷ややかに見ている人も多かっただろう。二人ともゴールデン番組のMCを務め、特に山ちゃんは女優さんとも結婚した。そんな状況で、いつまで「たりないふたり」なんて言っているんだ？　と。

今こそ「たりないふたり」に「さよなら」すべきなのか？

「たりないふたり」に影響を受け、リスペクトしてくれている人気ヒップホップユニットCreepy Nuts。彼らは、このライブのために新たなリリックで録り直した楽曲「たりないふたり　さよならVer.」を提供してくれた。その中にこんな一節がある。

「さよならかこのままか、さあ見届けろ皆と未来」

今更だけどR－指定って天才ですよね。読解力エゲツない。僕はタイトルを伝えただけなのに……。まさにこれが今回のテーマ。ここ、みなとみらいで、皆と「たりないふたり」の未来を見届けるライブだったのだ。

それに対し若林くんが彼なりのアンサーを提示しようとしている、と感じた。確かに事前のヒアリングでも、「今の山ちゃんについて」というテーマで、散々話を聞いた。その内容を本番でこんな形でぶっ込んでこようとは……。そして思った。これは山ちゃんをただ責めているんじゃない。あくまで漫才、という笑いの中で、守るべきものにとらわれ苦しむ山ちゃんを解き放つきっかけを作ろうとしている、と。

そう思った瞬間に涙が溢れてきた。やっぱり、サンパチマイクの前だから伝えられる真意もある。

山ちゃんが、その愛ある責めに応えて自分を解放し、今抱えるしんどさをストレートに吐露していく。それを聞く若林くんの目にも光るものがある。僕も涙が止めどなくなる。そして山ちゃんは、「今の自分にふさわしい新しい武器を身につけて、たりなさからの卒業を目指す」と宣言した。すると若林くんが間髪を容れずに言った。

「おめでとう！」「人の結婚を心から祝えた俺も卒業です」

僕と反対側の舞台袖にいるサトミツも号泣している。とっくに涙腺の調節は効かなくなっている。そして、若林くんは高らかに言った。

「これで言えるよ、さよなら！　たりないふたり！」

完璧なタイトルの回収に、息を呑んだ。

狂った賭けの結末は、笑いと涙にまみれた、〝たりなさ〟からの卒業、そして、MCとして、夫として、たとえ器はたりなくても全てを背負って歩いて行く。これから始まる「たりないふたり第二章」の開幕宣言だった。それはこの合計100分の即興漫才の中で、二人の漫才師がもがきながら出した答えでもあった。

もしも今この文章を読んでいる方で「さよなら たりないふたり」をご覧になっていない方は、「その自己啓発みたいな漫才、何なの？ 笑えるの？」って思ったかもしれない。大丈夫です。めちゃくちゃ笑えます。めちゃくちゃ面白いんです、「たりないふたり」の漫才は。

文才のない僕にはなんとも形容できない二人を、Ｃｒｅｅｐｙ Ｎｕｔｓのもう一人の天才・ＤＪ松永が素敵な言葉で表してくれた。「『たりないふたり』は、長い年月をかけて出来上がった鍾乳洞のような奇跡のアート。一部分だけ切り取っても言い表せないんです」

二人の天才が自分を掘り続け、そして僕も二人を彫り続けて出来上がった生き様剝き出しの作品、「たりないふたり」。

しかしこの後、それが崩れるような未来が待っていた。

2020年

秋のすきま風

「さよなら　たりないふたり」は、ライブビューイングで1万5000人視聴という記録的な数字を残した。

その人気を受けて、早速新たなテレビシリーズが決まった。ライブでこれからは仕事も家庭も背負っていく「たりないふたり第二章」が始まると宣言した二人。実際ライブ直後に若林くんも結婚した。成長していく二人を題材にしようと、「たりないふたり2020〜春夏秋冬」と題し、春・夏・秋と季節ごとに1度ずつ漫才作りのためのトークを放送、冬にライブをするという1年がかりのプロジェクトを設計。「さよなら　たりないふたり」とは違って、時間をかけて漫才を作り込むことをイメージしていた。

そして、コロナ禍に突入する中、春・夏とトークを放送。「先輩として後輩にどう向き合うか？」「互いの家庭生活はどうか？」など、それまでの〝たりなさ〟は卒業したものの、「先輩」「夫」としてはまだまだたりない、という第二章にふさわしいトークを繰り広げた。

だが、二人が微妙に噛み合っていない気がした。コロナ禍のため、収録の時にかなり間隔を空けて立つ必要があったから、だけじゃなかった。「さよなら　たりないふたり」というお化けみたいなライブで燃え尽きた後遺症もあったと思うが、それだけでもない。なぜだろうか……。答えはすぐに出なかった。

いつだったか若林くんが、「『たりないふたり』って、ゆるーくフリートークするレギュラー番組になりませんかねえ」と冗談っぽく言っていたけれど、それが実現していれば、「たりないふたり」は今でも続いていたかもしれない。だけど僕たち3人は共通して、どこまでも突き詰めなければ気が済まない性分なのだろう。「さよなら　たりないふたり」を経験してしまった後は、たとえトークといえど、人間性が浮き彫りにされた作品性があるものにしか満足できなくなってしまったし、きっと二人もそうだったと思う。

さらに「さよなら　たりないふたり」以降、若林くんがボケ役としてトーク展開の起点になり、突っ込み役の山ちゃんはそれに返すという役割が完全に定着したので、収録前にプランを練る必要がある若林くんの負担は増していた。本人からはっきり不満を聞いたことはないが。

山ちゃんにしても、決して若林くんに任せておけばいい、と投げているわけはなく、自分がプランを練る立場にないことに複雑な思いを抱えていたはずだ。こちらもはっきり聞いたことはないが。

いつしか二人揃っての打ち合わせはなくなった。スケジュールを合わせようともしなくなった。「さよなら〜」で、二人が久々に会った時のパワーにしびれたから本番まで取っておきたい、という理由は全くの嘘ではない。しかし正直に言うと、二人を会わせることが怖くなったからだ。はっきりとした原因はわからない二人の微妙なズレが、明確なひずみにまで広がることを恐れていた。

そして「秋」は、山ちゃん主導でやりたい、と決めた。リアクターではなく仕掛ける山ちゃんも引き出したかったし、「春」・「夏」の若林くんの負担も考えてのバランスもあった。

山ちゃんとの打ち合わせ。山ちゃん目線で「たりないふたり」11年の歴史を振り返る企画はどうか、と提案した。すると途端に、「あの時若林くんはこんなことを言った」「その時自分の本心はこうだった」と、若林くんへの愛憎入り交じった山ちゃん節が爆発。11年前のことを昨日のことのように語る熱にゲラゲラ腹を抱えて笑い、時には天才が天才を妬む心のひだに触れて空恐ろしくなった。体重が乗ったものすごい漫談ができると思った。ハードルが上がるかもしれないが、あえて山ちゃん手書きのフリップ形式でのプレゼンで勝負しよう、と話がまとまった。

山ちゃんが付けたタイトルは、「山里亮太はいかにして若林正恭より下に成り下がったか」。もう面白そうだ。

そして迎えた収録日。しかし直前で僕は再び編成部に人事異動になっていたため、その場に立ち会うことができなかった。大事な編成の会議中、ずっと気になっていた。そろそろ収録が終わった頃かな、山ちゃんのプレゼンどうだったかな、面白いはずだが……。

自分は不在だが、山ちゃんにベストのパフォーマンスをしてもらう環境は整えておこう。「落下女」の苦い教訓だ。スタジオを盛り上げ、山ちゃんのホーム状態を作るべく、いつもは収録に来ない作家陣にまで動員をかけた（もちろん作家陣に動員の意図は伝えてある。「山ちゃんのプレゼンへのリアクションをしっかり頼む」と）。それに二人には演出的なポイントはあらかじめ伝えておいたし、大丈夫か、と思いを馳せていたら、スタッフからガンガンＬＩＮＥが入ってきた。どういうことよ⁉　絶対いい知らせじゃないよな……、と思ったら案の定だった。

一体何が起きたのか？

スタッフによる顚末はこうだ。収録の序盤は思惑通り拍手笑いが起きるほどウケた。しかし、若林くんの何気ないひと言をきっかけに、ノリにノっていた山ちゃんの表情が一変。フリーズしてしまった。プレゼンはガラガラと音を立てて崩れ、全く笑える空気じゃなくなった。途中まであんなによかったのになぜ？　とのことだった。

「その結果、収録が終わっても山里さんが楽屋から出てきません、大変です」という状況になった、らしい。恐れていた事態が起きた。ついに二人の間に完全なひずみができてしまったのか？

「落下女」の収録で、サッカーコントで失敗し、階段にうずくまっていた山ちゃんの姿を思い出した。あれから15年経ったのに、山ちゃんを引き立たせようとして、また同じ過ちを犯して辛い目に遭わせてしまったのか。

もちろんそんな心苦しさはあったけれど、起きてしまったことはしょうがない。これで、二人の微妙なズレの原因が浮き彫りになった。そして、この事態はこの事態で、物語の展開としてはありなのか……と思ってしまった僕は、年相応に面の皮が厚くなっていた。

2021年

過去最悪の不仲状態

編成会議が終わって、楽屋に立てこもる山ちゃんに電話を入れた。キレている。彼の怒りの元は大きく2点。

①収録に立ち会ったスタッフが、若林が突っ込んだところでウケていたり、若林の主張にうなずいたりしている。これじゃ自分がアウェーではないか。安島の提案でこのプレゼンをやらされたのに。

②若林も若林だ。あんな本気の言葉を投げてきて。笑いにできるはずがない……。

クレームをぶつけられた僕の心境はというと……。①については、正直「うーん。こういう結果に終わった場合の山ちゃんなら、そう言うよね」という感じ。②については……確かに若林くんの言葉は、トークのたまたまの流れとはいえ、山ちゃんの急所をとらえたなあと思う。

それは「山ちゃんは自分の話が多すぎる」という言葉。つまり、山ちゃんの精神は利他ではなく、相変わらず利己じゃないか。「さよなら たりないふたり」で宣言した、「たりなさからの卒業」は実現できないじゃないか、という意味だろう。変わらない山ちゃん。それに不満な若林くん。これが最近の二人の微妙なズレの原因だと気づいた。

ただでさえ若林くんの、芯を食う言葉のカウンターの威力は強い。その上、ここまで心が折れるということは、山ちゃん自身も突かれて痛い場所だったのだろう。きっと、変わろうと思っても変われない自分に苛立っていたはずだ。

そして電話の向こうで口を尖らせているであろう、山ちゃんのふくれっ面を想像した。この人は、自分をよく見せようと格好をつけない。いくら売れても、結婚しても、本音が剝き出しの正直な人なんだ……。やっぱり人間として面白い男だし、愛すべき男だと思った。

結局この日は奥様に迎えに来てもらい、抱きかかえられるように帰宅した、という山ちゃん。「落下女」のサッカーコントの時みたいに傷つけてしまった、と罪悪感はあった。しかし一方、「落下女」から15年が経過し、面の皮が厚くなった自分には「これは物語になる」という気持ちが芽生えていた。この状況を乗り越えたら生まれる何かがあるはずだ、と。

思えば、編成部への人事異動がなく、予定通り収録に立ち会っていれば、僕への遠慮から山ちゃんの爆発は起きなかったかもしれない。その場合、ずっと火種がくすぶったままだったろう。最初は「たりないふたり」テレビ版を作る過程で見受けられた二人の溝。そこからいろいろな部分でズレが生じても、ここまでなんとか取り繕ってきたが、もう限界なのかもしれない。

だったら、「全部露わになったこの状況をドキュメントとして面白がろう」と思った。収録した内容を編集する。改めて映像素材を見ると予定調和ではない緊迫感で溢れている。リアリティを大事にしながら、でも初めて「たりないふたり」を見る視聴者にも伝わるように編集した。

そしてこの番組は「たりないふたり2020・秋」として2020年11月に2週連続で放送され、賛否両論、大きな反響を呼んだ。批判の多くは、「二人が喧嘩する様を見せられても楽しめないし、エンターテイメントではない」というもの。それに対し僕は、「この『秋』があったからこそ、あのライブができたんだと、ファンも納得できる冬のライブを作るしかない」と考えていた。退路を断ったような気持ちだった。

しかし、予定していた2020年冬のライブはコロナ禍のため延期に。2021年5月での開催を決定した。

どのみちこのタイミングでは漫才はできないと思えるほど、二人の関係は過去最悪に落ち込んだままだった。二人それぞれと話したが、あの「秋」がくすぶっていることは間違いなかった。なんとかしなければ……。だけどいい大人の本気の喧嘩だから、無理矢理仲直りさせるわけにもいかないし、演出として何かを仕掛けるのもちょっと違うかなあ。ただタイミングを待った。

年が明けて2021年になっても、相変わらず打ち合わせの設定すらできなかった。本番までの残り時間を考えて、さすがにじりじりしてきた。でも二人だって僕と同じ気持ちのはずだ。このままでいいと思っているわけはないだろう。そのうち何かが起きる。

2月24日。山ちゃんがパーソナリティを務めているTBSラジオ「水曜JUNK山里亮太の不毛な議論」を聴く。山ちゃんは「若林がカレーライスなら自分は福神漬けだ」と自分を卑下しつつ、明らかに僕をディスっている。『たりないふたり』のスタッフは『犬も食わない』や『THE芸人プリズン』(オードリーがMCの大喜利特番)など、面白そうな新しい仕事は若林にばかりオファーしている」『たりないふたり』はいつも若林寄り」。そして最後は、「スタッフと距離を空けようと思います」と締め括られた。完全に僕をターゲットにしたコメントに、正直はらわたが煮えくり返った(笑)。

若林くんを直接やり玉にあげるのは遠慮があったのだろう。中野での最初の顔合わせの時のように、僕をスカッシュの壁代わりにして、若林くんにサインを送ったのかもしれない。いずれにせよ、あの秋以来、山ちゃんが若林くんの名前を出しながら「たりないふたり」の話をしたのは久しぶりだった。

何か始まる足音がした。

するとその週のニッポン放送「オードリーのオールナイトニッポン」で、若林くんが早速反論した。「スタッフは山里をちゃんと気にかけている」「山里は自分の突っ込みワードばかり考えているから、それが見えていない」等々。

こうして、二人のすれ違いはラジオでの場外乱闘に発展した。

そして翌週3月3日の「不毛な議論」。そもそも山ちゃんが売った喧嘩、若林くんにどうリアクションするのか。反論するのか、それとも……。ぐるぐる考えながら放送を聴いていた。すると、前週の「オードリーのオールナイトニッポン」の若林くんの言葉を聴いて心底反省したという山ちゃんが、冒頭20分、お通夜のような沈痛なテンションで謝罪。うーん、ここまで重いと、笑いにするのは難しいか。頭の片隅で、この一連の喧嘩もエンターテイメントにすることを狙っていた僕は、困惑していた。

その時だった。

若林「よぉ、福神漬け！」

山里「カ、カレーライス⁉」

山ちゃんが「若林くんと仲直りしたい」と漏らした絶妙なタイミングで、計ったかのように若林くんが「不毛な議論」のスタジオに乱入した。あの秋の収録以来、LINEもしていなかったという二人の4か月ぶりの再会だった。誰にも相談も報告もない、若林くん独断の行動だった。

きっとここで自分が行かなければ、「たりないふたり」はもう終わりだ、という危機感があったろうし、ラジオの放送開始から着地が危ぶまれるほど重たい謝罪を続けていた山ちゃんを、なんとかしてあげたいという愛でもあったろう。

そこからは、久しぶりに笑いと本音が入り交じった息の合ったラリーが始まり、二人の臨戦状態は終わった。

翌朝。僕は「スッキリ」放送直後の山ちゃんの楽屋に、アポを取らずに訪れた。バツが悪そうな山ちゃんが、「僕が言うことじゃないけど、雨降って地、固まるですね」

と仕掛けてきたので、一応「ぶっ殺すぞ」と答えておいた（笑）。

「たりないふたり」の演出は、使命感と切迫感がほとんど。それと、ほんの少しの計算を加えて動いてきた。完全に計算で作れるタイプの演出家もいると思うが、どうやら自分はそうではない。番組作りでも、計算の分量の差はあれ感情の熱が必要。特に「たりないふたり」は熱と計算の分量が9.5：0.5くらいがベスト。前もって計算しすぎると自分自身も温度が下がってつまらなくなる。二人が巻き起こす状況に本気で向き合いつつ、頭の隅の方で冷静さを残しておくくらいがちょうどいい。

今回の一連の経緯の画を描いていたわけではないけど、なんとなくこうなればいいなあと思っていた部分もある。正直、ほんの少しだけ誘導した部分もある。ただ、この頃の「たりないふたり」には演出など必要なかった。二人の天才の空気を感じ取り、冷静と情熱の間をウロウロする。そんな状態を楽しめる自分をキープするだけだ。

そして3月末。中野での顔合わせ以来の二人のよそよそしさを感じながら、二人揃っての打ち合わせを開始した。

そこで僕は、「たりないふたり」を今回で終わりにしたいと伝えた。

2021年

「たりないふたり」解散

最初に解散を考えたのはいつだろう。

正直はっきりと憶えていない。これが最後、という気持ちでやろうということくらいだったかもしれないし、少なくとも2019年の「さよなら　たりないふたり」後に、「たりないふたり2020～春夏秋冬～」の放送が決まった時には考えていなかった。

しかし冬に予定していたライブはコロナ禍で延期となった。長年積もり積もった二人のズレは秋をきっかけに爆発し、余波はそれぞれのラジオ番組にまで広がった。そんな諍い（いさか）いがあったからこそ、いいライブができたと思える作品に仕上げたい。だから今回のライブは、二人には今まで以上にその全てを全身全霊でぶつけてもらうものになるだろう。

いつしか二人も40代半ばのおじさんど真ん中。仕事面ではさらにMCとして充実。家庭面ではお子さんも産まれた二人。「たりない」という言葉の世間的な説得力は薄れる一方だし、二人にとって精神的にも年齢的にもカロリーが高いはず。もしかして漫才のクオリティとしてのピークは「さよなら　たりないふたり」だったかもしれない。

僕自身、毎回、陰に陽に彼らを追い込んでいる自覚はあった。何か活動する度に、身を切るような自己探求と他者探求が必要なお笑いって何なんだ？　突き詰めなければ気が済まない性分とはいえ、結果二人の関係が壊れてしまっては元も子もないんじゃないか？

これ以上はもう、二人に望んではいけない。二人を解放しなければいけない。

それに自分も現場を離れ、大っぴらには二人を見守って一緒に笑うこともできない。「たりないふたり」だけは全てを投げ打ってやりたいが、立場上そうもいかなくなった。秋の収録に立ち会えなかったことは、たとえ「物語がうねる一環」だととらえても、悔しかった。次回のライブだけは、自分が無理矢理にでも演出する覚悟でいたが、会社員である以上、その後もそんな無茶を継続するのは不可能だった。

これで解散するのはどうだろう、と二人に伝えた時、「今回でやり切る、ってことですね」と山ちゃんは言った。「安島さんが演出やれないんだったら、終わっていいです」と若林くんが言った。

二人とも驚いてはいなかった。僕と理由は違ったとしても、きっと同じことを考えていたのだろう。

そして活動期間足かけ12年に及んだ「たりないふたり」の解散ライブ概要は、次のように決定した。開催は2021年5月31日。会場は結成ライブを行った下北沢の北沢タウンホール。一つ問題があった。コロナ禍の影響で、無観客、配信のみの開催。目の前にお客さんがいないお笑いライブ。一体どうなるんだろう？　結成ライブは「飲み会が嫌い、なんて内容がウケるのか？」とドキドキしたけど、お客さんの笑いが安心させてくれた。今回はその心強い援護射撃もない……。

そんな不安な状況の中、僕は二人に、解散ライブのタイトルを、「明日のたりないふたり」にしたいと提案した。こんなことを考えたからだ。

「無観客で解散ライブ」。漫才にはどう考えても過酷な条件だ。でも若林くんがよく、「山ちゃんと漫才ができるなら、場所は誰もいない夜の公園でもいい」と半分本気で言っていたことを思い出した。

今回の無観客ライブも同じこと。周りを気にせず心ゆくまでお互いをむさぼれるはず。きっと今まで以上にストッパーを外して剝き出しの言葉をぶつけ合うだろう二人を想像したら、それは「殴り合い」だと思った。

とことん突き詰める二人だから、きっと真っ白に燃え尽きるまで拳を交わすことだろう。ボロボロになった二人の前には、どんな風景が広がっているだろうか？　そこには「明日」という未来があってほしいと思った。足かけ12年戦ってきた二人のためにも、応援してくれたファンのためにも。

そんなことを山ちゃんと若林くんに伝えた。二人とも、珍しく僕の目を見てうなずいた。若林くんが、宣誓のように続けた。

「きっちり、逃げずに終わらせましょう」

「たりないふたり」は、今回で最後。12年間、「たりない」という自意識が唯一の主題だったユニット。「たりない」にどんな結論をつけて、どうピリオドを打つのか？

「そうですね」

うなずいたものの、最大のテーマに答えを出す難しさも感じていた。

一方、ライブのイメージはタイトルを決めたことで、一気に固まっていった。ボロボロになるまで殴り合った二人をイメージしたビジュアル、リングを連想させるようなセット、そういえば僕は子どもの頃から「あしたのジョー」が大好きだった……。自分の中でピースがハマっていった。

そうなるとライブの内容も、以前のような練った構成や狙った企画は必要ない。ゴングが鳴ったら、二人がただひたすら漫才をすればいい。

僕は「無観客だからこそ」のライブを作ろう、と二人に話した。

パソコンのモニター越しに見てくれるお客さんをイメージしながら、2021年5月のタイミングでしか見られないものを作る。自分でも意外なほど、この非常事態に前向きに立ち向かえた。根っこは相変わらずネガティブな僕だが、いつしか、「今はいつも明日へのフリ」だと、考えるようになっていたからだと思う。今まで思うようにいかないことばかりで、もがいてばかり。確かにこうでも思わなきゃ正直やってられない、という切羽詰まったものはある。だけど、今のしんどい状況は考え方とやり方次第で面白い明日につながっているととらえると、どんな理不尽も受け止めて、楽しみたいと思えるようになっていた。

そして始まった二人同席の打ち合わせ。

ほんの数回だったが、初期の「たりないふたり」に戻ったような、無邪気で楽しいものだった。結構な長めの尺で供給されるゴシップの後、こんな展開は面白いよねなど、思いつくままにアイデアを出し合う。何個ものシャボン玉を少し膨らませて、そこら辺に飛ばしておくようなイメージ。別に大きく膨らまず割れたら割れたでいい、くらいの雑な感じで具体や詳細まであえて詰めない。当日二人がその場で浮かび、言いたくなったことを膨らませる余白を残しておく。

それに二人とも、本番で新鮮な気持ちでぶつけたい大切なプランは僕にも隠し、事前に手の内の全てを伝えなくなっていた。

ただ僕も、二人に隠しているプランがある。

こんな状況だから、誰にも本番の展開は読めない。とはいえ、打ち合わせで互いの空気感を確認したことは、本番で必ず生きるはず。そんな〝ちょうどいい加減〟の制作スタイルが、最後の最後になって出来上がった気がした。

二人が揃う打ち合わせと並行して、個別の打ち合わせも行う。そこで主に若林くんと、「たりないふたり」をどう終わらせるかを話し込む。「たりなさ」を抱えておじさんになるまで生きてきて、僕たちは幸せだったのか？　不幸だったのか？　たりなさを抱える人間は、今後どう生きていくべきなのか？

「12年間、『たりないふたり』についてきてくれたファンのためにも、逃げずに答えを出す責任がある」と、若林くんは言った。たりなさの先に希望ある明日を見たいし、ファンにも見せてあげたい。

「だけど、自分たち『たりない人間』がおじさんになるまで生きてきた道のりは、険しかったよね」

「正直、たりてる側だったら、どんなに楽だったか？　と思うし、今でもたりてる側に行きたい気持ちもある」

「だから、単に『たりないって素晴らしい』って総括するような、甘ったるい嘘はファンに対してつきたくないし……」

この会話がどう漫才に反映されるのか？　例によってそこは決めないまま、穴を掘っては埋め、また同じ場所を掘り返すような話を続けた。

そして、最後の漫才の最後のセリフは3人で決めた。しかし、本当に漫才でそこまでたどり着けるのか？　二人がそのセリフを、胸を張って言えるのか？　そこに言霊が宿るのか？　それは、わからなかった。

ライブ前日の5月30日。日本テレビの稽古場で最終調整を終えて、山ちゃんが先に帰った。若林くんがまだ残っていたタイミングで、この日が誕生日の僕に、スタッフがサプライズでお祝いをしてくれた。

そもそもサプライズとかは苦手。それよりも、山ちゃんにこのイベントがバレると、また拗ねておかしなことにならないか気になる。さすがにそれは気にしすぎか……。ただ、翌日のライブの成功をひと足早くみんなで祝えている気がして、嬉しかった。

写真を撮られるのが苦手な僕だが、今までで一番素直な笑顔ができていた気がする（次ページの写真。マスクの下は作り笑いじゃないです。笑）。こんな幸せな今というフリがあったら、一体どんな明日が待っているのだろうか……。

ライブ前日、誕生日に撮ってもらった写真。

2021年5月31日

「明日のたりないふたり」開演までの数時間

03：00

帰宅後、当然のように眠れない。半日後を想像するとキリがない。すると若林くんから電話で相談が。「漫才の全体像をイメージすると、何か要素がたりない気がする。今からでも、もう一つ新しい展開を考えた方がいいですかね？」

「今若林くんの頭の中にある全体像を、より丁寧に尺を使って伝えることを意識したら、十分だと思いますよ」

若林くんのプランの全貌をわかっていないけれど、彼のことだから既に十分な内容だろう。そして、「自分の中で考えを煮詰めすぎると、お客さんに対して前提となる説明を端折りがちになるのはよくあることだから」と伝えた。
「そうですよね、わかりました」
納得した感じで電話を切ったけれど、彼はきっともう何周か考えるだろう、悩んだらまた連絡が来るだろう、と、なんとはなしに待っていた。1時間後「なるべく丁寧さを意識してみます！　ありがとうございます！」とLINEが来たから、やっぱ電話切った後も考えてたんじゃんと思った（笑）。

10：00

北沢タウンホールに到着。ちょっと早い。あまり早く行くとスタッフも気を遣うだろうけど、気がはやっていて我慢できない。生中継の演出は、後輩ディレクターに任せている。「たりないふたり」のファンなんです、という優秀な彼を信頼しているのに、ほんのちょっとしたカメラの位置とかが気になってしまう。

若い頃、急に現場に来てあーだこーだ言うおじさんプロデューサーのことが死ぬほど嫌いだったので、もちろん口にするのは我慢していた。するとそんな僕の様子に気づいたのか、後輩ディレクターが「気になるところあったら言ってください！」とスマートに聞いてきた。俺が気を遣われてどうする⁉　俺が若い頃はこの気遣いができなかったんだよなあ、と恥ずかしくなった。結局「全然、全然ほんと大丈夫なんだけど、ここのカメラ位置が気になるっちゃなるっていうか……。でも大丈夫かな、うん」。意味不明のコメントに後輩ディレクターも困惑している。おじさん、むずい。

11：00

「たりないふたり」の影響を受けた、と言ってくれるＣｒｅｅｐｙ Ｎｕｔｓが会場入り。

彼らにはサプライズでの登場をお願いしていた。これが僕が隠していたプランだった。「明日のたりないふたり」というタイトルにはもう一つ、「今は何者でもないけれど二人から影響や刺激を受けた、未来は『たりないふたり』になりえる人たち」という意味を込めていた。

「たりないふたり」を見てくれた方に、「自分のたりない部分を武器にしていいんだ」

「たりなさをさらしてもいいんだ」と気づき、勇気をもらったと言われることが多い。今や大人気のＣｒｅｅｐｙ Ｎｕｔｓは、こんなネガティブな人間性の自分たちでもヒップホップを生業にしていいんだと思い、同名の曲「たりないふたり」を作ったという、まさに「明日のたりないふたり」だった。

最後の漫才を終えた「たりないふたり」の目の前に、「明日のたりないふたり」が登場してパフォーマンスを披露する。それによって、山ちゃんと若林くんがたりなさと向き合う物語は完結するけれど、その遺伝子は明日に続いていくことを表現できる。そう思った。

しかし一方で、蛇足じゃないか？「何か面白いこと足したい」みたいな演出のつまらないエゴじゃないか？と何度も自問自答した。そして、この演出を考えたきっかけを思い起こした。それは、足かけ12年の最後に山ちゃん若林くんに一番喜んでもらえることは何だろう？ここまで本気で「たりないふたり」をやってよかった、と実感を持ってもらえることは何だろう？という、超個人的な感謝の気持ちからだった。無邪気だからこそ、沸騰するような熱がある。それを自ら冷ます演出は、つまらないし、俺じゃない。出演をお願いしたら、超多忙なＣｒｅｅｐｙ Ｎｕｔｓが、出演オファーに二つ返事でＯＫしてくれた。

そんなわけで当日は、山ちゃん若林くんが会場入りする前に内緒でリハーサルをしてもらうため、Ｃｒｅｅｐｙ Ｎｕｔｓにはこの時間に来てもらった。もし山ちゃん若林くんが事前に登場を知ったら、絶対にＣｒｅｅｐｙ Ｎｕｔｓへの照れや気遣いが表れるはず。漫才の言葉にセーブがかかるかもしれない。それは何としても避けたい。この解散ライブは、二人にお互いだけを見つめてやってもらおうと決めていた。

リハーサルの前に、Ｃｒｅｅｐｙ Ｎｕｔｓに今回の意図を説明する。「山里若林にサプライズを仕掛けたいわけではないんです。あくまでもお二人は『12年間お疲れ様でした』と山ちゃん若林くんに花束を渡すような気持ちで……」。これだけの短い言葉の間に、もう泣いていた。何なんだ俺。正直に言うと、会場入りするＣｒｅｅｐｙ Ｎｕｔｓの姿を見た瞬間から目と鼻の奥が熱くなっていた。ＤＪ松永も目を潤ませながら困惑していた。またも若者に気を遣わせてしまった（笑）。

リハーサルを終えた彼らには一旦、会場外の車で待機してもらう。そろそろ山ちゃん、若林くんが劇場に入ってくる時間だ。

14：00

後輩ディレクターがきびきびと指示を出す背中にすら目頭が熱くなる、情緒不安定状態。気持ちを整えようと劇場を出て、コーヒーを買うために駅前のマックに向かった。なんで自分は今、この道を歩いてるんだろう？　王道ではなかった。何度もテレビで挫折し、何度も劇場でライブをやり、その度にここでコーヒーを買った。王道を歩きたい、でも難しい。自分が歩くべき道はどこなのだろう……。もがきあがき、それでも何かを作ることは諦められなかった。結果、今また下北沢の道を歩いている。コーヒーを買っている。それはそれで自分っぽいキャリアなのかもしれない……。

結局センチメンタルおじさんのまま劇場に戻ると、もう山ちゃんが楽屋にいた。話しかけても、言葉少な。いつも通り、緊張状態である。それもそのはずで、後期の

「たりないふたり」には台本がないため、本番前に何かを確認したくても、その材料もない。できることと言えば、この後の漫才を頭の中でイメージするだけ。若林くんがどんな手で来るか、その時自分はどう返すのか……。山ちゃん的には不安が募るはず。

しかし、密着カメラを回しインタビューが始まると、「なぜ自分の楽屋が手前で、若林のは奥なのか」「スタッフは若林を上に見ているんじゃないか」と山里節全開。もはや本音なのか、サービストークなのか、どっちでもいい。とにかく調子はいいようで安心した。

しばらくして若林くんも楽屋入り。膝を痛めてテーピングしている状態なのでトレーナーさんも帯同。準備に余念がない。心なしかいつものライブ前よりは表情が硬い。気になったのは、インタビューでの「余力は残したくない」という言葉。

まさかそれが、現実のものになるとは……。

15：00

二人による簡単な場当たり（ステージの下見）。

何人かのスタッフが座っている客席を目にした若林くんが、「本番ではこんなに人いませんよね？」と少し声を荒らげる。「いないですよ。本番は技術スタッフしか会場には入りません」とすぐに返す。

丁度、無観客状態で漫才をする自分たちを頭の中でイメージしていたところだったから、その邪魔になったのだろう。本番前いつも冷静だった若林くんも、さすがに気が立っている。無観客の漫才ライブ、しかも解散ライブ……。二人も僕も、その他のスタッフも未体験。異様な緊張感が高まっていた。それでいて、変に気が抜ける感じもあった。

通常のライブでは、開演前にお客さんに入場してもらう開場の段取りがあり、そこまでに全ての準備を終わらせるべくバタバタするのだが、それがない無観客ライブは妙にゆったりした時間が流れている。得体の知れない、どんよりとした雲が、会場の隅々まで覆っている気がした。

2021年5月31日

最後の漫才

午後6時30分。配信で3万人以上が見守る中、幕は上がった。まずは、「たりないふたり」12年間の軌跡をまとめたオープニングVTR。

飲み会から逃げる技を披露する初回の番組収録。中野サンプラザや旧・渋谷公会堂、大きな会場でお客さんと一体化したライブ。「さよなら たりないふたり」で降臨したドM山里とジョーカー若林。「たりないふたり2020・秋」で本気でもめた山里事変。さらにラジオでの場外乱闘。VTR最後の若林くんのコメント「今日は中盤から笑えないと思いますよ」がやけに印象に残る。

そして12年前と同じ劇場に、同じ出囃子、銀杏BOYZ「BABY BABY」が鳴り響いた。
「どうもー」と声を上げて二人が登場したところまでは一緒だが、12年前と違い歓声はゼロ。映像が二人の背中越しに客席の見えるバックショットに切り替わると、カメラマン以外無人。でも不思議と、違和感はない。人間性を武器にし、互いの骨身を削り合ってきた漫才ユニットの最後は、二人だけの確認作業がしっくりくる気もした。ライブ前に垂れ込めていた無観客への不安は薄れていった。

若林くんがいきなり「12年ありがとうございました！」と礼を述べる。中盤以降で語る想定だった感謝の言葉を冒頭で繰り出す。この程度は予想の範疇。「そういうとこが嫌いだ！」と言い放った山ちゃんが、若林くんが繰り出すぶっとんだ設定に飛び込んだ上で、逆襲を仕掛ける。異常な反射神経。それを楽しむように、若林くんは真正面から取り合わずに、脇道にそらしていく。

想定していた大まかなアウトラインをその場で投げ捨てて、二人は即興で漫才を作り上げていく。その掛け合いは信じられないくらいハイテンポ。相変わらず面白い。

ホール外の中継スタッフから何度も笑いが溢れる（二人には聞こえないが）。舞台全体、そして無観客の客席までも使いながら縦横無尽に動く。何度も見守ってきたこの光景。違いは時間経過につれて、40代半ばの二人の表情に疲労の色が濃くなっていること。

開始から1時間が経過。山ちゃんの言葉がさすがに時々詰まる。若林くんの息が上がっているようにも見える。無観客、解散、2020年秋のもめ事など、ここまでの全てをフリにした総決算。「たりない自意識」に12年越しの結論を出す……。心身に負荷がかかるこの舞台を用意した張本人ながら、心がうずく。ベテランのボクサーが最後の死力を振り絞って殴り合うような迫力。パンチの一つひとつが重い。ゴツゴツとした音が聞こえるよう。ここまでの生き様をさらけ出した、今の二人でしかできない漫才が続く。

そして漫才後半。オープニングVTRでの若林くんのコメントがまるで予言のように、〝笑えない〟展開が訪れる。

漫才の設定なのか、設定とは関係ないのか。それは、無人の客席に降りていた若林くんが、舞台上の山ちゃんに、「(山里が持つ武器)自虐の竹槍を捨てるな」と叫んだところから始まった。

「山里に『自分の話ばかりするな』と言った自分が間違っていた。山里のラジオに乱入した後、それに気づいて泣いた。たとえそれが竹槍でも、山ちゃん生来の強み(自虐という武器で相手に立ち向かう個性)を捨てずに戦え!」

そう言って、これまで山ちゃんにたりなさからの卒業を迫っていたことを謝罪し、そして山ちゃんならではの武器で戦うべきだと訴えたのだ。

それに対し山ちゃんは、「自虐の竹槍で戦っていいのか……。世の中にアップデートしろと言われているけど」と本音の苦悩で返した。女優と結婚し、ゴールデンタイムの番組MCも務める自分が、自虐を言っても説得力がない。事実「さよなら たりないふたり」では別れを告げたはず。しかし、未だそこにとらわれる現実と理想とのギャップでもがいていた山ちゃん。そんな等身大の迷いを吐露する。若林くんは、それが山里亮太という人間の本質なのだから、たとえ苦しくても自虐の竹槍を振り回し続けろ、と鼓舞した。

もはや漫才なのか、即興の演劇なのか、親友同士の会話なのか。そもそもお笑いなのか。括りはよくわからない。ただそこにあるのは、間違いなく生身の人間だった。

そして「自虐の竹槍を、こんな相手に、こんな風に振るおう」という漫才コントの設定に入る。笑いと、笑いとは関係ない叫びとが入り交じって、ますますぐちゃぐちゃになる舞台上。二人の男がその肉体だけで、凄まじいインパクトを起こし始めていた。この地図には先が書かれていない。しかし、二人ともまだまだ着地しないぞという顔をしていたのはわかった。

ゴールを見据えての助走には入らない。今まで飛んだことのない地平まで飛ぶ、と確信している顔だった。

そして、その瞬間は訪れた。

2021年5月31日

たりない側にいたって

舞台上で「自虐の竹槍」はさらに展開する。若林くんが、竹槍で自分を刺してみろと山ちゃんを挑発。山ちゃんに攻撃させたものの、そんなぬるい言葉じゃ自分は刺せない！　と、自分自身を傷つけ始めた。

「出演者が大勢の番組では萎縮してるくせに、少人数の番組では、はしゃいでんじゃねえよ！」「エッセイで安い自分語りして、金儲けしてんじゃねえよ！」「たりないとか言って被害者ぶってんじゃねえよ！」。聞いているこちらの胸が痛くなる辛辣な独白と共に「たりなさの剣」で何度も自分を刺していく。流血が見えるような迫力。山ちゃんもどうしたらいいかわからない、といった顔。さらにそんな空気を自らぶった切るように、若林くんが叫び始めた。

「これくらいの自傷行為　頭ん中でやってるんだよ毎日毎日」

それは徐々にラップのようになっていく。

「その傷見せびらかし　やってきた『たりないふたり』　それが俺とお前の物語」

身振り手振りも大きくなる。不意を突かれた山ちゃんも、いつものように若林くんのぶっとんだボケが始まった……という苦笑いから、驚き、やがてうなずくような眼差しに変わっている。

そして若林くんは、その塊を吐き出した。

「たりなさの剣、諸刃の剣。悩みであり武器でありお守り」だと。

ああ、そうだった。

その言葉は、僕がずっと抱えていた「自分のたりなさ」へのモヤモヤをクリアにしてくれた。僕にとって、「人間的にたりないこと」「王道ではないこと」は、ずっとコンプレックスで、取り繕い、乗り越えようとしてきた。違う自分を演じたり、自分を抑えてゴールデンタイムの番組で戦ったりした。その中で傷つきもした。

だけど、捨てるに捨てられないお守りのように「たりなさ」を握りしめていたからこそ、傷に共感し合える仲間と出会えた。それは「たりないふたり」という武器になった。

でも、だからこそ。舞台上の二人は、そう簡単に「だから、たりなさがいい」と謳い上げはしない。

若林くんが、「やっぱり俺はたりてる側に行くんだ」と、「たりてる側」に向かうヘリコプターに乗ろうとして叫ぶ。

僕も何度もそうしようと思った。たりない自意識を背負ったまま会社で生きることは、骨が軋(きし)むように辛かったから。だけど、最後までそれはできなかった。自意識を捨てられなかった。

山ちゃんが息を切らして追いすがる。

「たりない側で、またお前と漫才できるかもしれない未来の夢を見させてくれ！」

この世界で歯を食いしばれていたら、いつかまた。

だけどこれだけじゃ、たりない。たりなさを心の底から肯定するには。

　すると若林くんが咆哮。反語のようにたりない世界の素晴らしさを謳う。

「たりない側にいたって、『たりないふたり』を見て感銘を受けた大阪のラッパーと新潟のＤＪが『たりないふたり』という同名の曲を作って武道館を埋め、その客席で涙する。そんな素晴らしいことしか起きないじゃないか！」

　山ちゃんも応える。

「最高じゃないか、俺たち、あの天才を生み出すきっかけになったんだぞ！」

　若林くんが声を枯らす。

「たりない側にいたって……、それを見たまだ無名の『明日のたりないふたり』が、また別のものを作る。さらにまた無名の『明日のたりないふたり』へと受け継がれていく。そんな、ほとんど生まれてきた意味をつかみ取るような、素晴らしいことしか起きないじゃないか！」

　涙が噴き出すスピードに、拭うスピードが追いつかない。

　それは、まさにデスマッチだった。二人の体中に刻まれた無数の傷が、たりなさへの葛藤と、その末に導き出した答えを伝えてくれた。

「たりないふたり」という武器と、「明日のたりないふたり」の存在が、変われなかった自分たちの全てを肯定できる。それがこの12年間の、証し。

涙と共に自分そのまんまが溶け出すような不思議な感覚に襲われた。境界線が滲んで、山ちゃん若林くんの二人、舞台裏でスタンバイしながら今の言葉を聞いているであろうＣｒｅｅｐｙ Ｎｕｔｓ、袖で見守るサトミツ、指示を出す後輩ディレクター……。さらに平日月曜日の夜に、パソコンのモニター越しに見守ってくれている３万人以上の仲間にまで、ふやけた自分がシミのように広がっていった。

そして2時間あまりにわたる最後の漫才の、最後のセリフ。

山ちゃんと若林くんが声を揃えた。

「あー、たりなくてよかった」

この言葉で、「たりないふたり」は胸を張って、終わることができた。

しかし、僕はまだ終われない。二人が知らない「Ｃｒｅｅｐｙ Ｎｕｔｓ登場」という演出が待っていた。最後の「ＢＡＢＹ ＢＡＢＹ」が流れる中、二人はセットの後ろにある丸いすを引っ張り出して座り、うなだれる。

「このタイミングで、見ている人の画面が真っ白になります。そう『あしたのジョー』のラストシーンなんです」

本番前、段取りを確認する時に二人にそう説明した。ボクシング漫画の名作「あしたのジョー」のラストシーン。王者ホセ・メンドーサとの激戦を終えて、真っ白に燃え尽きた矢吹丈。

「……燃え尽きるまでやれってことですよね」

そう二人は感じたと思う。

「俺たち、そこまで行きますかね？」

「はい、二人ならおそらく」

お互い口にしていないけど、そんなやり取りをしたつもりだった。でも二人にはもちろん、うなだれるアクションのもう一つの目的は伝えていなかった。二人が下を向いているその間にＣｒｅｅｐｙ Ｎｕｔｓが登場するためでもあった。「たりないふたり」のイントロが流れ、頭を上げた二人の目線の先に、Ｃｒｅｅｐｙ Ｎｕｔｓがいた。

「12年間お疲れ様でした！」

その瞬間二人は絶句した。次の瞬間、後ろを向き、涙した。

「たりないふたり」を披露するＲ－指定のリリックが時々飛んでしまう。

「さよなら たりないふたり」で提供してくれた「たりないふたり さよならＶｅｒ．」をプレイしながらＤＪ松永が子供のように泣きじゃくる。そして3曲目は「明日のたりないふたり」。

さっきまでのライブを見て感じたことを、Ｒ－指定がフリースタイルで綴っていく。若林くんの言葉を思い出す。「『たりないふたり』の影響を受けたのがヒップホップユニットって、らしくて面白い」。愚直なほどに生き様をさらけ出すＣｒｅｅｐｙ Ｎｕｔｓは、確かに「明日のたりないふたり」だった。

全てのパフォーマンスが終わり、2組が向き合う時。こんな感情が崩壊するような場面でもソーシャルディスタンスを気にする山ちゃんにプロ魂を感じる。若林くんがＣｒｅｅｐｙ Ｎｕｔｓに「頼んだよ」と声をかける。泣きはらすＤＪ松永。

そして若林くんが、長年の共闘をねぎらうように山ちゃんに握手の手を差し出した瞬間に、配信は終わった。後輩ディレクターが指示した、奇跡のようなタイミングだった。

「配信終了です！」

スタッフが叫んだ。それを合図に全スタッフから自然と拍手が起きた。出演者に、見てくれたお客さんに、自分たちに。それはしばらく鳴り止まなかった。美しい光景だと思った。下手くそなりに、誰かと交わりながら生きてきてよかった。ＣｒｅｅｐｙＮｕｔｓに登場をお願いしてよかった。きっと山ちゃんと若林くんも喜んでくれたろう。

充実感と放心状態の中で、僕はまだ、ステージ上に再び暗雲が立ち込めていたことに気づいていなかった。

終演後の出来事

スタッフたちがようやく夢から覚めたように「よかったよね」「すごかったな」など言葉を交わして撤収を開始している。その間をすり抜けて、ふわふわとした余韻のまま、ホールに入っていった。今までのライブや番組終わりみたいに、山ちゃん若林くんに声をかけたい。無観客でお客さんの反応がわからないから、これでよかったのか不安なはずだ。

しかしホールに入った瞬間、すぐ異変に気づいた。山ちゃん、ＣｒｅｅｐｙＮｕｔｓの3人がこわばった顔をしていたのだ。会場を見渡すと、舞台袖で、若林くんが仰向けに倒れている。一瞬にしてびしゃびしゃの涙は乾き、凍った。

すぐに救急車を呼ぶ判断をした。到着までの間は、うちわであおいだり、酸素スプレーを渡したり、マッサージしたり。そんなことしかできなかった。

若林くんの意識はあるものの、明らかにボーッとしていて、辛そうな様子。「大丈夫？」とも聞けずにいると、立ち上がれない、体が重い、下半身に力が入らない……とか細い声で症状を伝えてくれる。そして下半身のしびれが徐々に体の上の方に広がってきている……と呻く。

状況がつかめず心配そうな山ちゃんとＣｒｅｅｐｙ Ｎｕｔｓの二人に、「意識はある、救急車を呼んでいるから大丈夫」と伝えつつも、本当に本当に不謹慎だが、もしかして若林くんはこのまま死んでしまうのかもしれない、という嫌な予感に襲われていた。

そんな恐ろしいことが起きても不思議じゃないくらい、この夜の彼が見せたのは、何かに憑りつかれたような鬼気迫る漫才。心身を酷使して、人生の最後の一滴まで、絞り尽くしてしまったんじゃないか。舞台上には、死の予感を裏付ける、そんな変な説得力がガスみたいに充満していた。

それを感じ取ったR－指定は神妙な表情で固唾を呑み、DJ松永は本番の時以上に泣きじゃくっている。山ちゃんが、心配でたまらない、といった様子で水の入ったペットボトルをつかんで若林くんのそばまで近づくも、その壮絶な容体を目の当たりにして言葉を失う。

すると若林くんから、「（アドリブが）出たねえ山ちゃん」と声をかける。優しい。山ちゃんも、そんなろうそくのか細い火が消えないように、「そうだよ、打ち合わせでしゃべってないことばっかりやってたよね！」と優しい空元気。信じたくない現実を打ち払うように、「たりないふたり」が気を遣いあっている。僕らスタッフも、その火が大きくなるように精一杯の空笑い。

こんなに楽しく会話をしているのに、死が迎えに来るわけはない。しかし、若林くんがＣｒｅｅｐｙ Ｎｕｔｓを呼び寄せ、さっきの演奏の素晴らしさを称えると、また一気に最後の言葉感が増す。暗雲を呼び寄せてしまう気がする。

そんな中、山ちゃんが本気とも冗談ともつかぬ感じで、

「最後の自分の語りが長すぎたかなあ。だから若ちゃんに負担かけたかなあ……」

とライブのクライマックスを振り返った時、若林くんが少しだけ笑みを浮かべたような気がした。

救急車が到着し、担架で運ばれていく若林くん。ついていきながらステージを振り返ると、こちらを不安げに見つめる山ちゃん。そんな二人の姿が、撮影された映像のシーンのように見えた。現実感がなかった。

救急車には一緒に乗れなかったため、後から病院に向かった。検査中だという若林くんが無事出てくるのを、廊下の長いすに座って待つ。

どのくらいの時間が経っただろう。いろいろ思い出していた。12年前、中野の居酒屋で無言のまま横並びに座っていた二人。そんな彼らの人間性こそ唯一無二の武器だと信じ、最大限発揮できる仕掛けの演出や環境作りに12年間ずっと心を砕いてきた。というと聞こえはいいが、自分がしたことは、二人を苛烈な自己探求や限界を超えたパフォーマンスをするように追い詰め、心身に負荷をかけてきたのかもしれない。

テレビ版「たりないふたり」では、複雑な構成の上に、収録ごとに3本の新作漫才を作らせるとか、「さよなら　たりないふたり」では、打ち合わせゼロの即興漫才をやらせるとか、「たりないふたり２０２０〜春夏秋冬〜」の「秋」からもめ事が生じたとか。そして無観客への不安がある中、「燃え尽きるまでやってくれ」と用意したフレームでのこの解散ライブ。そのラストに、Ｃｒｅｅｐｙ Ｎｕｔｓ登場のサプライズまで用意して、二人の感情をジェットコースターに乗せて上下させるかのような演出。

ライブの高揚感はとっくに冷めていた。若林くんと、そのご家族。春日。マネジメントの皆さん。もちろん山ちゃん。皆さんに申し訳ない。

廊下で共に待つマネージャー、プロデューサー。みんな言葉少なだ。

うつむいて、なんとなくSNSを覗いた。すると、とんでもない反響だった。圧倒的な熱量だった。そこには、「笑った」「すごかった」「面白かった」「感動した」「共感した」「勇気をもらった」「泣けた」……。ありとあらゆる賛辞が広がっていた。そして二人への感謝。「12年間ありがとう」「最後までこんな漫才を見せてくれてありがとう」という言葉。「後半、息が上がっていたようだったけど大丈夫ですか？」といった若林くんへの気遣い。まるで配信を見た3万人以上の仲間が、傷だらけの二人をねぎらい、励ましてくれているようだった。トイレの個室に入って、ぐちゃぐちゃの感情と共にしゃくり上げて泣いた。

しばらくして若林くんが検査室から出てきた。

過度なストレスによる過呼吸で、ひとまず心配はないという医師の診断だった。

「どうもすいません。倒れちゃって」

「全然。大丈夫？」

「はい。大丈夫です。……漫才、よかったですか？」

「めちゃくちゃ、よかったですよ」

「そうですか、ならよかったです」

ライブの感想をそれだけ伝えたら、満足したように微笑んでいた。

そして、いつものいたずら顔で、

「俺が倒れてる時に、自分の話してましたよね？　語りが長かったとか何とか。山里亮太、ここにありでしたね」

と言った若林くんと、笑い合った。笑い声が仄暗い廊下に、明るく響く。

気づけば日付を超えて、明日になっていた。

エピローグは終わらない ――あとがきに代えて

２０２１年5月31日の解散ライブ、その翌日。

精密検査の結果問題なかったという若林くんに、無理をさせてしまったことを謝罪した。すると若林くんは「どうか気にしないでほしい。山ちゃんと安島とトリオで人生を懸けてやりとげなきゃいけないライブだったし、それができて感謝している」という言葉をくれた。気を遣ってくれたのもあるだろうが、裏方の自分にとってこれ以上ない、ありがたい言葉だった。ここまでの言葉をもらったのに内省を続けるのは、野暮な自己満足だとも思った。

ＳＮＳ上の賛辞の輪はさらに広がっていた。リアルタイムの視聴者数3万人以上に加え、その後の見逃し期間も増え続け、最終的に5万5000人を超えた。お笑いの配信としては史上最多の記録になった。

12年前も同じ会場で開催。300人だったお客さんの輪が、こんなにも広がった。ここまで二人にやってもらった、自分もやらせたからには、「たりないふたり」から逃げずに、背負えるだけ背負っていくと誓った。

そして2021年12月12日。ライブ本編に加えて、舞台裏のドキュメント映像も加えて編集した「明日のたりないふたり特別版」を全国68の映画館で上映することになった。

12年間応援してくれたファンの皆さんに感謝を込め、とことん喜んでもらうために企画した。

解散ライブは無観客だったので、ファン同士が一緒に楽しめる空間を作りたかった。そして、配信終了後に起きた出来事と、その後の二人はどうなったのか？

「たりないふたり」の生き様の全てを、ファンに届けたかった。

例によって二人はライブ終了以来、半年間会っていなかった。あの、内臓をぶちまけたようなライブの後は生々しいし照れもあるだろうし、簡単には会えないだろう。いつしか二人が会うことには、特別な意味が伴うようになっていた。だったら「企画」にした方が、会うきっかけになるんじゃないか。そう考えて、二人にこんな提案をした。二人が再会して、あのライブ以来の元気な顔を見せ合う、それを夜の公園で撮影したい。そして「明日のたりないふたり特別版」のラストにつけたい。それが12年間一緒に歩んで、勇気づけてくれたファンに向けた最後のプレゼントになるんじゃないか。

快諾してくれた二人。でもこれはただの再会には終わらないだろう。

若林くんはたびたび「ライブとして正式に開催しなくてもいい。ライブ終わりの夜の公園でもいいから、ただ山里亮太と心ゆくまで漫才をしたいんだ」と言っていた。リアルにそんな場をセッティングすれば、きっとまた二人に火が付くはずだと思った。「明日のたりないふたり」で終わりにしようと決めたのに、舌の根も乾かぬうちに二人を誘導する自分の業の深さにやるせない気持ちになったけど、二人の反応を見るときっと彼らも望んでいたことじゃないか。

そんな相変わらずのモヤモヤを抱えながら迎えた2021年11月27日。木枯らしが吹く夜8時、六本木の外れの児童公園。

二人にはそれぞれの車で待機してもらう。二人が出会った時にとんでもない化学反応が生まれる。ばかまじめにそう信じているので、とにかく本番まで顔を合わせないように段取る。「さよならたりないふたり」以来、大体そのパターンだから、スタッフも慣れたものだ。そして、照明などのセッティングを完了。まず山ちゃんが先に車を出て、街灯の下で待つ。僕は車から降りた若林くんを、自分の背中で山ちゃんの視界から遮りながら、近くまで誘導する。

そろそろ行こうか、と目でディレクターに合図する。ディレクターが「よーい、はい」とスタートをかける。

そのタイミングで僕がサッと体を横にずらす。若林くんが「いやいや……」とか言いながら山ちゃんの前に現れる。

互いを目視した瞬間、スイッチが入る。待ちわびたように、始まるハイペースの掛け合い。相変わらず即興とは思えないクオリティとスピード。「明日のたりないふたり」では、これが2時間以上続いたのだから、若林くんの体も悲鳴を上げるだろう。ただ違いは、この夜の公園の漫才では二人とも、とにかく楽しそうなこと。下北沢での結成ライブや、最初の番組収録の頃のようだ。解散して肩の荷が下りたのかもしれない。それは僕にとっては救いだった。12年間の活動を終えた「たりないふたり」の、いいエピローグを作れた、と思えた。

いつしか街灯がマイクに見える。20分弱があっという間に経ち、夜の公園に寂しさが立ち込める。オチの空気に包まれていく。

若林「俺たちはたりないまま生きていくんだ。最後はあのかけ声で行くぞ。昔のファンしか憶えてないと思うけど」

山里「これで伏線回収……」

二人は、何の意味もないかけ声を何度もとなえながら行進する。

「おっぱいボヨヨン、乳首どっかーん」

たりないかけ声は、夜の公園に響き渡り、やがて六本木の喧噪にかき消されていった……。

というエピローグで「たりないふたり」は終わった、と思っていたら、エピローグにはまだ続きがあった。

約1年後の2022年秋。

僕は編成企画担当という立場で、ドラマの今後のラインナップを話し合う企画会議に臨んでいた。

2023年4月の企画がいろいろあって、なかなか決まらなかった。そんな中で、会議メンバーの一人、河野英裕プロデューサーが、「こんな企画を持ってきたんだけど……」と企画を提案した。企画書の表紙に、「天才はあきらめた男と人見知り大学を卒業した男」という仮タイトルが書いてある。目を疑う僕の隣で、河野プロデューサーのプレゼンが始まる。

「南キャンの山里とオードリー若林。この二人が書いたエッセイは自分のバイブルです。両方とも売れっ子だけど、ここまでの生き様は決して順調じゃなく回り道ばかり。しかも思い悩んだことが不思議と符合している。二人がもがく様を交互に描いていけば、人生を迷いながら生きる人の指南書になるはず」

情熱がある語り口に、場が引き込まれていくのがわかる。

「で、加えて『もしこの似たもの同士の二人が出会っていたら、こんなことが起きたはず……』というifのブロックを作ってつけたい」

……ん⁉　この人、知らないのか？　他の会議メンバーが「お前が言え」と言わんばかりにちらちら僕を見る。尊敬する作り手だが、少し浮き世離れしたところがある、いい意味で「ドラマばか」な先輩だ。確かに可能性はある……。照れはあるが、しょうがない。

「あの……河野さん。それ僕がやったんですよ。もう解散したんですけど、山里と若林のユニットで『たりないふたり』っていうんですけど……」

「えっ、マジ⁉　やってたんだ⁉　安島くんが？　知らなかった……」

そのリアクション、嘘ではなかった。そして急にその光景が鮮やかに浮かんできたから、つい言ってしまった。

「二人と、この会議室で散々漫才を作りました」

そう、ここは汐留日本テレビ28階B会議室だった。


僕は客観的には判断できないので、と会議メンバーに意見を求めると、

「山ちゃんと若林さんの人生、共感できるよね」「いいかもしれない」「日テレでしかできない」とポジティブな雰囲気。さらに、

「だって、『たりないふたり』面白かったし」「ずっと応援してたよ」と「たりないふたり」を後押しする言葉もあった。

社内は、とんとん拍子でこのドラマ企画を進める方向にまとまった。

編成企画担当という自分の立場としては、望ましいことだ。

実現に向けて残る関門は、山ちゃん若林くん本人たちへの説得。その役は、僕に任された。二人からすれば、自分の半生をドラマ化されるなんてどう描かれるかわからない不安とリスクが大きいだろう。照れもあるし、まだまだ伸び代がある芸人なのに祭り上げられる感じになるのは嫌だろう。厳しい答えも予想された。

実はこの期に及んでも、立場は別にしたら、どれだけこの企画を前向きに進めるべきなのか迷っていた。これまで日陰でひっそりと育ててきた大切なものに、突然日が当てられて眩しくて目が開けられないような、面映ゆいようななんとも言えない複雑な気持ちだった。「たりないふたり」は、ずっとこの会社で認められてこなかった気がしていた。未だにそんな過去に引っかかっていたのかもしれない。

きちんと頭の中で言葉をまとめられないまま、会議でこんな不思議なことが起きたのよ、と笑い混じりに二人それぞれに伝えた。その上で、こう言葉を続けた。

「お客さん300人で始まったライブが、全国ネットでドラマ化なんてすごいよね。

13年経って、もう一度『たりないふたり』を見つけてくれた人がいたんだよ。すごく嬉しかった。『たりないふたり』をやって間違いじゃなかったと思えた……。これは運と縁でしかないから、ぜひOKしてください」

いざ口を開いてみたら、スラスラ言葉が出てきた。俺は本当は嬉しかったんだ。ドラマ化なんてすごい話だし、尊敬する先輩がこの企画を提案してくれたこと。社内の皆さんが後押ししてくれたこと。俺は理屈じゃなく、直感でやるべきだと思ったんだ。偶然だけど、会議に俺が居合わせたこと。しかもそれが若い俺たちがゾンビと化してぶつかり合った28階の会議室で起きたこと……。

未だに、喜ばしいことでもネガティブに受け止めがちで、素直になれない自分の〝人(にん)〟の面倒くささに手を焼く。ここまでの人生で、「幸せな出来事」や「他の人からのありがたい言葉」というボールが投げられたとしても、自分のキャッチャーミットの形がいびつなおかげで何個も取り逃してきたのだろう。勝手に傷ついたり、恨んだり。それによって申し訳ないことに誰かを傷つけたり、恨まれたりしたこともあったと思う。

諦めてもいる。そんな自分と一生付き合っていくしかないだろうし、そんな自分にずっとモヤモヤするんだろう。

ただ、今の僕はそのことを知っているから大丈夫。もし、ボールをキャッチできていなかったことに気づいたら、頭を下げながら拾いに行けばよい。それはきっと僕だけじゃない。同じようにボールを取り損ねて彷徨う、たりない仲間と出会えるかもしれない。そう思えるようになったのは、「たりないふたり」と、彼らを応援してくれた方々のおかげだ。

二人の答えは、思ったよりあっさりと……「わかりました」だった。「互いがこんなリアクションだよ、と盛って伝える技」は使わなかった（笑）。

そして、2023年4月9日。日本テレビ4月期日曜ドラマ「だが、情熱はある」放送開始。僕は制作には関わっていないので、一視聴者としてOAを見た。素晴らしかった。主演のお二人を始めとした出演者の皆さん、制作スタッフの本気と熱量がそのまま画面から伝わってきた。これを見た人は、きっと何か感じるところがあるだろうし、何かを表現する人も出てくるだろう。

「たりないふたり」のエピローグが、僕と関係ないところでつながっていく。続いていく。

こうして「明日のたりないふたり」が円のように広がっていったら、こんなに幸せなことはない。

この本を出版するきっかけを作ってくださった日本テレビの北川俊介先輩。同じく出版担当の加宮貴博さんと飯田和弘さん。そしてご担当いただいたKADOKAWAの磯俊宏さん、ご迷惑をおかけしました。ありがとうございました。

山ちゃん、若林くんの二人を始め、出会った方全てに感謝を込めて、最後にもう一度だけ言わせてください。

「あー、たりなくてよかった」

2023年夏

安島　隆

対談

若林正恭 × 安島 隆

「たりない」という病

克服するか、放っておくか、
二人で考えた。

本を書くことの意味

安島　今回、本を書くにあたって、正直に言うと最初は、「僕みたいなもんが本を出していいのか？」みたいな引け目があったんですよね。それで若林くんに相談を持ちかけたら、「絶対書いた方がいい」と言ってくれたじゃないですか。あの時って、どうして後押ししてくれたんですか？

若林　書かない美学、もあるとは思いますよ。ただですね、最近、「たりないふたり」を見て日テレに入社したいと思ったっていう若手がいますよね。そういう人たちに対して、安島さんみたいな、日テレの中でもある種のアウトロー(笑)は書く責任があるんじゃないかと。「たりないふたり」は、安島さんがテレビの演出だけじゃない、別の場所で作ってきたライブですよね。若い後輩たちが安島さんの本を読んで、テレビ局にいるとそういう面白いこともできるんだ、ってことを知ってもらうことで、「テレビマンって、いろんなことに挑戦できるんだ」という刺激になるし、楽しいことにつながるんじゃないかって思ったんですよね。

安島　社歴も四半世紀を超えてるんですよ。それを一から振り返って原稿を書いてるけど、改めて「たりないふたり」のことで褒めていただくテレビマン人生だったなあ、と。書い

ていて、若林くんと山ちゃんといろんな話を交わしてきた思い出が蘇ってくる。

若林　とにかくいっぱい話しましたよね。その会話をまとめて、形にして番組とかライブとして結実させる。そんなことをずーっと繰り返して。

安島　僕たちちって、そもそもは「潜在異色」っていうライブに参加してもらうにあたって、春日含めて食事したのが最初の出会いでしたよね。当時はとにかくオードリーの二人が忙しくて（笑）。

春日の陰に隠れていた時代

若林　覚えてます。あの頃って僕らのマネージャーさんが知り合いのテレビマンとの食事会を頑張ってたくさんセッティングしてくれていたんですよ。ありがたかったんですけど、当時は春日のキャラクターが大注目されていた時期。僕は食事の場でも鉄板の「春日の貧乏エピソード」で彼の魅力を伝えるっていう役回りで、まるで「おしゃれイズム」の収録みたいな感じ（笑）。しかも春日って、全然しゃべんないでしょ。だから初対面の日も「ああ、今日も俺が春日の鉄板エピソードを20個話して終わりのメシ会かあ、面倒くさいなあ」みたいな思いで向かった（笑）。

安島　僕もよく覚えています。あの日は僕が先にお店で待っていて、個室の窓からタクシーを降りる若林くんが見えたんですよ。そしたら明らかに足取りが重そうで（笑）。

若林　疲れていましたね（笑）。

安島　でも部屋に入ってきた時は二人とも顔が「オン」になってた。収録みたいに（笑）。

若林　僕がいつもみたいに春日のエピソードを3つくらい話したら、安島さんが突然遮って、「いや、そういう話は大丈夫よ。テレビ見て知ってるし」「もうちょっと踏み込んだ話をしたいんだ」って言ったの。その時、「この人はただ者じゃねえぞ」と（笑）。なんでかっていうと、こっちも、「こんな話はもういいよね」って思ってたから。それまでの食事会では、鉄板トークの後はテレビマンに「春日はしょうがねえなあ」って、かわいがられた春日が主体の番組ゲストに呼ばれるってことが多かったんですよ。僕は陰の男だったんで。そんな時期に春日じゃなくて、僕に対するそこはかとない興味を感じたんで、あの夜のことはすごくよく覚えてます。

若林が隠し持つ「才能」が知りたかった

安島　そもそも、マネージャーさんには「若林っていう人に興味がある」「若林と話がしたい」って伝えていたんですよ。そしたら、「であれば春日もぜひ同席を」ということになって。

若林　あの頃のオードリーで「若林が知りたい」なんてセンスを持った人は、世の中にいなかったから（笑）。

安島さんって、「〝人〟から企画を作る」っていう稀有な人なんですよね。普通テレビマンは、企画を思いついて、その企画に沿えるタレントを探す人が多いと思う。だから収録終わりに、それができなかったタレントの悪口を言うんだと思うんです、「沿ってねえな、あいつ」って（笑）。それは仕事だからしょうがないと思うんです。でも、人間から企画を考えるような人って、普通は単館映画撮ってますよ（笑）。単館映画撮る人が日本テレビに入ってきちゃったという不幸？（爆笑）。「たりないふたり」はまさにそう。山里・若林という人間から舞台を企画してテレビにつなげるという。作り方の順番が逆の人で稀有な存在。でもそういう人って局内では不幸ですよ、それは（笑）。苦しみでもあるなと思うんです。まず人間の話から聞いちゃうから。ゴールデンの生活情報番組ですら人間から入るから……大変そうですよね（笑）。

安島　（苦笑）やっぱり〝人〟を入り口にした方が演者さんも自分も楽しいし、見る人の心の深い部分にまで届けられるって思うんです。若林くんって、テレビでは自分が作り上げた「オードリー」を完璧にこなしていたんだけど、一瞬だけそこからはみ出る「ドロッとした部分」があるように見えた。僕はその「ドロッとした部分」と仕事がしたかったんですよ。

若林の「偏愛力」と、安島の「通訳力」

若林　そこから安島さんと話をするようになり、「潜在異色」の時も、「いろんな物体に『本の帯』を付ける」っていうネタをやりたい、って提案したんですけど、ネタの構成と見せ方を安島さんに導いてもらった部分も大きいです。それが楽しかったし、カルチャーショックでした。

安島　逆に僕は、若林正恭という人間は、普段から物事一つひとつに「意味」を掘り下げて考える人だなって感じたんですよ。若林くんって本が好きで、「帯」にも注目していて、その意味もきちんと考えている。だから「本の帯」っていうピンポイントの企画が打ち出せるんだな、と。

若林　「偏愛」なんですよ（笑）。僕は「自分の好きなもの」からネタを作りたくなる。だけどそうなると、僕の偏愛を、お客さんに面白く伝えるための「通訳者」が必要になる。それが安島さんなんですよね。たとえば「僕が今怒っていること」「納得いかないこと」みたいな〝生肉〟のような状態の話題を、ネタ作りのエネルギーになれば、と思ってドンッと目の前に置くんですよね。すると安島さんは、「その話題ならこう調理したら、山ちゃんのキャラを考えると面白い企画になるね」といった感じで、通訳して演出してくれたんですよ。

安島　僕の役割って企画ごとに変わっていくとも思っているんですよね。「たりないふたり」での役割と、ゴールデンの情報バラエティでの役割はそれぞれ違う。「たりないふたり」の時は、お二人と接していく中で、だんだんと「通訳者」っていう役割が見えてきましたね。

若林　テレビ的にニッチだと思うものに「たりないふたり」って名付けるって安島さんのセンスだと思うんです。僕は安島さん以外のディレクターさんとも話す機会あるけど、あんまりかみ合わないんですよ（笑）。「『たりないふたり』みたいな企画やりたい」って言われても、そういうディレクターの方が、大学のイベントサークルで楽しんできた人だったりするから、伝わんないし、最終的にうまく形に仕上げられないんですよ（笑）。

安島　個別具体の論評は避けましょう（笑）。

若林　今日の対談の主旨はこういうことじゃないですね（笑）。だから、安島さん、山ちゃん、僕とのＢＰＭが合っているんだってことなんでしょうね。

安島　だからこそ「たりないふたり」でも、台本を作らず、稽古なしで漫才するってことが可能だったんですかね。

若林　「たりないふたり」は、僕と山ちゃんの武器を見つけていく工程でもあったんですよね。似た者同士なんだけど、突き詰めていくと細かい差異が見えてきて、得意分野も微妙に違うってことがわかってきた。だから、会議室で作った台本通りにやる漫才より、稽古せずにやっちゃった方がいいものができるんじゃないか、という「予感」が生まれたんだと思うんですよね。安島さんはそれを僕より先に早くキャッチしてたじゃないですか。だって、最後の方はかたくなに僕と山ちゃんを会わせないようにしてたし（笑）。

安島　そうそう（笑）。2019年にやった「さよなら　たりないふたり」の時は、舞台裏でも山ちゃんがトイレに行くと、スタッフが「山里さんトイレに行きまーす！　若林さんはそのまま楽屋にいてくださーい！」って（笑）。

若林　山ちゃんって、やっぱりお笑い界一なんですよ。僕の「言いたいこと」が箇条書きレベルでもあれば、絶対にうまく返すでしょ。いまここで漫才やれって言われてもできちゃうんですよ。「ＤａｙＤａｙ．」見てるけどいい感じで、スタッフさんとプライベートでも食事行ってる雰囲気出てるよねぇ」って言えば「出てねえよ！」って返ってくる感じ？　それ以上のワードで来るから（笑）。山ちゃんならどんな返しもできるってことが、本人も含めてみんなわかってたから、「じゃ、稽古しない方がいいよね」ってなったんだと思いますよ。でもそれまでにライブや番組のために、働き方改革前だからとんでもなく遅い時間まで、3人で会議して作った「型」ができていたから「アドリブ組手」みたいなことができたんですよね。

安島　最近は、僕と若林くん、僕と山ちゃんがそれぞれ話して作っていくやり方だったじ

ゃないですか？　そう聞くとまるで、ものすごくハイレベルな打ち合わせしているように聞こえそうだけど、実際は、最近見た映画とか、最近思ってること、みたいな近況報告ばっかでしたよね。今思えば、どうやって漫才の打ち合わせとして成立させていたか不思議なくらい（笑）。

若林　映画の「ジョーカー」観たとか、「エヴァンゲリオン」を漫才に持ち込んだりとか（笑）。

安島　そうそう（笑）。

若林　安島さんもそう思ってると思うんですが、「漫才」って良くも悪くも水物なんですよ。その年齢のその日、人間と人間が思ってることを掛け合わせていくジャズのような即興性があるっていうか。「たりないふたり」でも作品性が強い漫才とかシステム漫才とかいろんなスタイルの漫才作りましたけど、結局、生の言葉をぶつけ合う漫才がウケたんでしょうね。だから、「最近何考えてんの？」みたいな会話って、その時点での「ジャズ性」を探す作業なんでしょうね。でも安島さんは、いつも先にゴールは見えてて、しゃべってると思う（笑）。

安島　いやいや（笑）。

若林　今の山里若林ってこんな感じだよな……ってわかってるけど、俺たちに自分で自覚した上で漫才に行ってほしいからその作業が必要だと思ってる。ただ、自分で感じていることだと格好いいけど、明らかに「エヴァ

ンゲリオン」とか直前に見た「ジョーカー」に感化されたネタ作りになってたり（笑）。ほら、俺が「幼児性」が強いから。でも、テーマは決まりますよね。自分の中の「ジョーカー」みたいな黒い部分を出したいけど普段は出せないことへの怒り。だったら、ここで出しちゃえ、とか。

安島　正直、僕の中で着地点はあるんですよ。でも若林くんの「幼児性」っていう面は、僕にとってはすごくうらやましいし、ヒントになる。「ジョーカー」についてめちゃくちゃ熱く語ってくれて。その結果「さよならたりないふたり」で、若林くんが本番で赤い派手なスーツの衣装を着る（笑）。

若林　なつかしい！　気づく人は気づくスーツですね（笑）。僕は独身、山ちゃんはちょうど結婚を発表した時期で。僕、フィギュアの店でジョーカーと「時計じかけのオレンジ」のアレックスのフィギュアを買って2体机に置いて、どうやったら山ちゃんとの漫才面白くなるか考えてましたもん。40歳の大人がやることじゃないですよね（笑）。

「たりない」と「さよなら」できるのか？

安島　山ちゃんの結婚が話題になって、僕はとにかく焦りましたよ。元々「結婚」っていうのは、「たりないふたり」の大きなテーマの一つでしょ？　山ちゃんが結婚。若林くんはお付き合いしている人はいたけど独身。でもいつか結婚するかもしれない。二人の「この状況」で、ライブをやらないといけない！って。タイトルは「さよなら　たりないふたり」って決めて。

若林　そうそう。安島さんは着地点見えてるって話なんですけど、怖いんですよ。先にタイトルだけ決まってたんですよね。中身はまだ（笑）。すごいのは告知ポスターね。山ちゃんが晴れやかな笑顔で皆に手を振ってて、僕はシケた顔してソッポ向いてる。すると実際にそんな雰囲気のライブになるんですよ（笑）。２０２１年の「明日のたりないふたり」も、お互いがボクシングを終えた後みたいに顔中ボコボコになっているポスター。山ちゃんが何てことをするんだって顔で俺を見ている。そんなキービジュアルを先に作るんですよ。舞台セットも、絶妙にボクシングの要素を入れて、鎖も何かのメタファー。ライブ前の俺は内心「ここまでの殴り合いのステージにはならないでしょ……」って思ってたけど、漫才が進んでいくうちに「やばい、俺このままじゃ燃え尽きちゃう」って思いまし

©「明日のたりないふたり」製作委員会 ©NTV

「さよなら たりないふたり」(写真右)と
「明日のたりないふたり」のメインビジュアル。

た。で、実際俺、倒れましたからね（笑）。

安島　あの時は申し訳なかった（笑）。最後の「たりないふたり」だから、二人の性格考えたら燃え尽きるまでやるとは思ったけど……罪悪感あります。

若林　いえいえ（笑）。僕自身も、「今日、死んでもいいや」くらいの意気込みでしたから。でも、思いいましたね。死んでもいいと思って舞台に立つと、死ぬな（笑）。「マジで気をつけなきゃ……」って（笑）。

おじさんになったら、ネタ作りの原動力だった妬みや嫉みがなくなってきた。すると次に湧いてきた感情がそれまでお世話になったテレビマンへの「恩返し」だったんですよ。でも、たとえばMCとしてクイズ番組を成立させる仕事とかは、自分というもののフリースタイルラップをやるわけではない。だから楽しいことが山ちゃんとの漫才しかなかったんです。俺が一番天才だと信じてる山ちゃんと、無観客で一対一で殴り合えるなんて二度とない、死んでもいいってほんと思っちゃったんですよ。

弱点は「克服するもの」だと信じていた

安島　「明日のたりないふたり」は「たりなさ」とか「自意識」にどうやって決着をつけるか、がテーマだったじゃないですか？

若林　だから僕らは、漫才のネタというより、マインドの話ばかりしてましたよね。

これまで応援してくれた人たちへ、たりなさの良さは伝えたい。でも安易な救いにはしたくない。すごく難しい話をずっとしてましたよね。

安島　僕らは当初、「たりない」「持たざる者」をコンプレックスとして位置付けていましたよね。それを「克服するんだ」「きっと治せるんだ」と信じてもがいていた。

若林　だから「たりないふたり」を続けていれば治るんだ、って本当に信じてましたよね。

安島　だって、「たりない」って本当に生きづらいじゃないですか（笑）。

若林　結局治んないですしね……。

安島・若林　……治んなかったですね（笑）。

若林　僕もテレビをやってきて、いろんなジャンルを呑み込むテレビってやっぱりすごいなと思うんですよ。コンプレックスで言うんじゃなくて、文化祭の人気者が楽しくお祭りをする、でいい世界だとも思うんですよ。それでいいはずなのに、僕と山ちゃんが「たりないふたり」という番組を持てたって、ほんと稀有ですよ。その中で「たりなさ」に結論

を出していく、ってことでしたからね。必死に模索しましたよね。

た。当日の漫才は、そこにきれいに着地できるのか。簡単に言うわけにはいかない。どうなるのか……。結果、若林くんが倒れる（笑）。

若林　過呼吸だったたっていうのは後で病院でわかることで。倒れた時は、足の爪先から肩に向かって、しびれが上ってくるのがわかるんですよ。「これが頭に到達したら、きっと死ぬんだろうな」「まあよくできた結末だな～」って（笑）。だから山ちゃんとCreepy Nutsの二人には挨拶だけはしとかないと、と思って「ありがとうね」だけ言ったんですよね。

安島　生きててよかった……（笑）。

若林　それから救急車で運ばれて、精密検査を受けたんですね。その時医者から「これは過呼吸だけど、血液検査では、内臓に盲腸レベルの炎症反応が起きている」って言われたんです。だから念のために翌日も検査を受け

「たりない」を追求しすぎて死にかけた話

安島　漫才の最後に「たりなくてよかった」というワードは言いたいっていう目標はあっ

ると、嘘のように数値が戻っていた。そこで思い出したのが、漫才の時、架空の刀で自分の腹を何度も突き刺したんです。それが数値に出たんじゃないかと（笑）。あのライブは危ないですよ（笑）。

安島 死ぬ気で臨むと、そんなこともある（笑）。でも、山ちゃんは「やばい、ここで死なれたら若林が伝説になっちゃう」って変な心配をしてた（笑）。

若林 逆にアッパレですよ、あの状況で俺の心配しないいんだから（笑）。ちょっと笑っちゃったもん（笑）。

「たりない」は治らない！

安島 「明日のたりないふたり」は、お客さんからも「勇気をもらえた」という言葉もいただけたんですよ。それで、今日はせっかくの機会なので、あらためていま一度「たりない」について若林くんに問い直して、この対談の締め括りにしたいな、と。

若林 「治したいな」という状態から、「結局、治らなかった」に到達できたことは、僕にとって救いでしたね。諦念することで、「たりない」が、自分の「武器」だと浮き彫りになる。僕の好きな言葉に、岡本太郎さんの「人生は積み減らし」があるんだけど、人生経験を積み上げてきたものが、年を取って積み下がっていく。本来自分が得意だったり、やりたかった

ことに戻ってくるっていうか。俺は、「明日のたりないふたり」までやれたことで、今は、もっと狭くやっていきたいと思ってます。生きやすくもなっている。収録中、できないことに対して「なんで俺はできないんだ！」と責めていたことが、「結局できなかったなあ（笑）」で済むんです。でも「結局できなかったなあ」って思ってる人のリアクションって面白いんです。例えば一発ギャグを振られて、俺苦手だからスベるんですよ。「俺これ15年できないんですよねー」って言ったらウケるんです（笑）。

老獪になっていく。それは楽しいことですよ。ただこれって、あそこまで「明日のたりないふたり」をやってわかった境地です。

安島　やってもやっても、うまくいかない。だけどその「うまくいかない状態」を突き詰めると、「若林くんらしくていい」というところまで行けちゃうのか。

若林　そうなんですよね。だから元々苦手な食レポも、今では「ヒルナンデス！」で、「そりゃあテレビで取り上げるものなんだから、さすがにうまいっすよ」で済んじゃうの、僕だけです（笑）。山ちゃんだって同じですよ。あいつもいまだに劣等感で生きてる。この前もラジオ聞いたら、「だが、情熱はある」への差し入れの内容で、「若林に負けたー！」って悔しがってましたから。全然治ってないじゃねえか、と（笑）。

安島　生き生きしているなあ（笑）。

若林　だから「たりなくても、生き続けてみる」ものなんです。……ってあれ、でもそれだと、なーんにも解決してないよね。「ただ生き続けるだけ」っていう答えになっちゃう（笑）。でも、それがいいのかもしれないです。

対　談

山里亮太 × 安島 隆

「憧れ」と「絶望」

その狭間が、
僕らの輝ける場所だった。

一番ややこしい時代に出会った

山里　ライターさんに聞きましたよ。若ちゃんとは深い話したらしいじゃない？　若ちゃんと安島さんがしゃべると、大体終盤は哲学的な話になるんだから。わかってんのよ、それは。

安島　先制パンチやめてよ（笑）。

山里　俺、そういうのないですからね。

安島　いやいや（笑）。本を書いているとやっぱり「たりないふたり」とか山ちゃんのことが多くなって。今日は「山ちゃんは、あの時本当はどう思ってたの？」っていう、今だから聞けることを聞いていきたいな、と。

山里　安島さんとの初対面の食事の前、初代マネージャーだった片山勝三さんから、「日テレのエースに会わせるから」って言われていたんですよ。

安島　エースじゃないけどね（笑）。「落下女」パイロット版の放送直後、片山さんが僕のところにいらっしゃって「あれ作ったのあなたですよね」「たいしたもんです」と。

山里　上からだね〜（笑）。

安島　いやもっと丁寧に、「いいですね。面白かったです」と。それで、「うちの山里と会ってもらえませんか？」っていう流れなんです。

山里　そうだったんですね。

安島　僕ももちろんM－1グランプリで南

海キャンディーズを見ていたし、すごい芸人さんだなあって思ってました。

山里　しずちゃん、片山さんと一緒にメシ食ったことは覚えてるけど、ぶっちゃけると、話した内容はあんまり……。

安島　うん、あんまり盛り上がらなかった（笑）。僕が覚えてるのは、しずちゃんが帰った後の二次会で赤坂のラーメン屋さんに行ったんですよ。その場で山ちゃんが「いま自分は満足してない」って。

山里　そうか、「たりない」はもう始まってたんですね（笑）。2004年のM－1グランプリで準優勝してからは、僕もすごいスピードで「じゃない方」になってたし。

安島　一次会の時はしずちゃんもいたけど、自分からしゃべるタイプじゃないから、まず彼女に話を振って、次に山ちゃんが続いて答えるみたいな感じだった。

山里　僕は、世の中みーんな、おしずとしゃべりたくて、気を遣って僕にも声をかけるんだと思ってた。

安島　僕は山ちゃんに興味があったから、しずちゃんが帰った後、「自分は満足していない」って話を聞けたところがスタートなんです。

山里　そうか。そこから中野のガールズバーで「奇跡の地球」を歌うまで行くんですね（笑）。

安島　一緒に中野で飲み歩いていた、若旦那期ね。ただ、そのエピソードは本編で書いてない（笑）。

山里　どっちが、桜井さんをやるか、桑田さんをやるかでもめて（笑）。

安島　「俺、桜井さんをやりたい」はいいのよ（笑）。で、初対面の山ちゃんとじっくり話をしてみてすごく興味を持ったんですよ。それは、売れてるのに全然楽しそうじゃなかったから。

山里　自分だけ失速していく感じがあったんですよ。ブームの追い風で笑いは起きているけど、新ネタは難しいし面白い漫才ができている自覚もなかった。「じゃない方」っていう立ち位置だったし。

安島　でも、南キャンを作った人なんだから、相方が売れたら、自分の手柄じゃないですか。

山里　周りがもっと「山里の手柄だ！」って言ってくれたら良かったんですけど、逆に「しずちゃんのおかげ！」になっていないかとイラついてた（笑）。俺がネタ書いてんだ、って言えば言うほど、周りはそんなこと言うもんじゃないよ！　って（笑）。

そういう意味では、安島さんと出会った頃って、僕が一番ややこしい時期ですよね。どこに地雷があるかわからないし、急にぶんむくれるし。

安島　腫れ物に触るような気持ちでした（笑）。

山里　僕もそれをわかってた（笑）。「たりないふたり」の打ち合わせでも、「若林くんのアイデアを採用する率が高くなっているから、そろそろ山ちゃんにも水を向けて、ここらで大きめに笑ってあげよう」みたいな気遣いしてましたよね。大変ですよね、ずっと僕をコントロールしなきゃいけないから。でも怒りに任せてどれだけ理不尽な話をしても、安島さんは12年間一度もそれを否定することなかったな。

安島　否定はしなかったですね。

山里　だけど、僕の言うことが間違った方向だったら、次の打ち合わせの時の台本は、僕の意見は訂正されて面白くなっていた。だからぎくしゃくはなかったじゃないですか。あれってなんでだったんですかね？

安島　あれはね……。一度全部もらって、ザルで濾して次回渡すからさ。

山里　めちゃくちゃ細かいザルでしたね。

安島　でも、そこで濾して渡したものを、山ちゃんも一度も否定しなかったじゃない。この感覚が一緒だったからやれたんですよ。でも僕、「たりないふたり」初期の頃、山ちゃんに申し訳なかったなあと思うことがあって。きっと山ちゃん気づいていたと思うけど。

山里　なんですか？

安島　時々、若林くんが会議では意見言わないで、後から僕に電話してくるんだよね。

「山里さんはこう言ったけど、僕本当はこう思ってます」みたいに。若林くんも直接は言えなかったんだろうね。僕は山ちゃんを傷つけたくなかったし、絶対に本番で山ちゃんをスベらせたくなかった。だから、なるほど、と思う意見だったら、次の会議の時に、僕が思いついた体で、山ちゃんに伝えていた。

山里　え、そうなの？（笑）

安島　あれ？　山ちゃんは全部気づいてて、知らないフリしてるんだとばかり……。

山里　いつも「いい提案だな」と思っていた（笑）。

安島　僕も難しかったのが、若林くんも結論があるわけじゃなくて、山ちゃんが提案した流れが自然じゃない気がするという感じだから……。するとじゃあこういう流れだったらどうかなと、要は電話で別の会議が始まっちゃうんです。つまり、山ちゃんに対してズ

ルしたような形になると。だから僕が下手な芝居をしてたの。山ちゃんはその裏に気づいてるけど、あえて知らないフリをしていたのかと……。

山里　……この本では僕、知ってたことにしません？

安島　はははは（笑）。

若ちゃんの才能にぶん殴られる感じ

山里　でも、安島さんも災難でしたね。だって、僕の繊細さと若ちゃんの繊細さって質が違うじゃない。僕のはちょっと幼くて、「どうせ僕なんて」「なんで若ちゃんばっかさあ」みたいな。向こう（若林）の悩み方はスケールでかいじゃない？　会議中に無言でずーっと考え込んじゃう感じだから。

安島　うんうん。山ちゃんは、場をきちんと整える人なんですよね。やばい間を埋めていくし。そこにずいぶん助けられました。それがなかったら……。

山里　若ちゃんもすごい空気出すもんね。僕が書いた台本を見て、若ちゃんが「山ちゃんいいよ、これ。でも、ちょっとだけ直してもいい？」って言って、出来上がったら、冒頭の「はいどうも、『たりないふたり』です」以外全部消されていたことがある。

安島　ずっと覚えてるね（笑）。

山里　ずっと忘れないよ、あれ（笑）。でも、若ちゃんのボケ、「山ちゃん、俺トラックになって轢くからさ」とか、ぶっ飛んでて面白いんですよ。他人をねじ伏せるには、才能でねじ伏せるのが最強なんだな、って学んだ。

安島　（笑）。実際悔しかったりもした？

山里　初期の「たりないふたり」って大喜利対決みたいな部分があって、若ちゃんの方がウケる。俺、悔しくて若ちゃんの答えに笑わず、顔引きつってたもん。若ちゃんって「自分が面白いと思うこと」をやっている人で、僕は「人に求められてるもの」を一生懸命やる人。ずっと才能でぶん殴られてる気分だから、苦痛でしたもん。でも、ある時若ちゃんが「ボケに専念するよ」って言い出したでしょ？　そこで僕が突っ込みに専念することになったんだけど、そこから「たりないふたり」が楽しくなったんですよね。

自分には何もないことがバレる怖さ

安島　でもさ、山ちゃん苦しかったのかなって思ってた。若林くんがボケ専念となると、「たりないふたり」の芯の部分を司ることに近い。山ちゃんの中で、ボケという名の「腕章」を渡すみたいな思いってありました？

山里　一瞬思ったんですけど、「これは楽しいな」に変わりました。目の前の才能に向き合って、「もう無理だ」となった頃に腕章を渡す時期が来た。すると、「俺が本来憧れた芸人の理想像ってこれじゃん」という発見もあった。何が飛んできても準備してないことでも笑いにつなげられたりする……。これこそ僕の憧れてた芸人像だ、って。それでも若ちゃんは優しいから、時々「山里さん、これってどうなります?」ってボケを戻してくれてたけど、「もう若ちゃんにずっとついていくわ」を貫くことにした。

安島　そのスタンスになってましたね。

山里　何を言ってもイエスマンみたいな。でもそれは投げやりということではなくて、僕よりおもしろいボケを若ちゃんがどんどん出すから、台本を早く完成させて、対策のワードを本番までにどれだけ詰め込めるかに集中したいと思った。

安島　後期になると、打ち合わせ自体やめよう、会わないで即興でやろうってなるのも必然だったのかもしれないね。

山里　即興の漫才が成功した時なんか、芸人人生で一番楽しかった漫才だと思いましたよ。

安島　でも怖いでしょ?

山里　怖いけど、「突っ込めば、面白くなる」っていう安心感はあったから。自分が憧れた芸人像をやれていることが幸せだったね。

安島　でも、若ちゃんのボケは人間の奥の奥を覗くような角度で山ちゃんをえぐってくる。南キャンの山里亮太ではなく、山里亮太という人間でしゃべってくれというメッセージでぶつかってくる。でもそれって山ちゃんの流儀と違うでしょ?　葛藤はなかった?

山里　めちゃくちゃあった。これは劣等感ですけど、掘られることで自分には「何もない」ってバレるのが怖かった。だから自分は、「お笑いってそんなえぐるものじゃないでしょ」と言

い訳で防御して「人間の内面」のフィールドに持っていかないようにしていた。若ちゃんは僕のことをすごく考えてくれていて、高く評価してくれているんだけど、「たりないふたり2020・秋」で僕の心が折れた理由は、まさにそこなんだと思います。「薄っぺらい」って言われた時に、「ついにバレたか」と。僕が一番きつかったのは、一番面白いと思っている人、一番知られたくない人にそれがバレたことだった。

安島　……なるほど。もちろん「薄っぺらい」っていう直接的なワードじゃないけど。

山里　そうですね。でもそういう流れだった。若ちゃんはいつものトークのつもりだったと思うけど、途中から完全に受け身が取れなくなってしまった。出会った時リスペクトされてたからこそ、「ペラい」ってバレたのが本当に嫌だった。

妬み嫉みだけでは持たなかった

安島　そういう風に思うようになったのはいつ？

山里　解散してからじゃないですか。でも、きっかけはラジオでの「カレーライス事件」かな（p209参照）。ちっぽけなところが自分のいいところじゃないかって気づいたあたり。

安島　不思議なものですね。「たりないふたり」も最初はそんなことをやろうとしてなくて。「飲み会からの逃げ帰り方」みたいな素朴なネタをみんなで楽しくやってたのにね（笑）。

山里　若ちゃんのせいよ（笑）。ある時から、一気に哲学者になった。

安島　同じところで満足できない人だからね（笑）。

山里　若ちゃんによって「たりない」の定義が変わったんですよね。本来は、学校の一軍たちを妬み嫉む一方で、俺たちはなんもない…のはずが、若ちゃんだけがもっと深いところに潜っていきだしたんだよね。

安島　「たりない」人って、熱中できないんだよね。

山里　そう。できない。

安島　そしたら若ちゃん、キューバとかモンゴルとかに行き始めた。山ちゃんはネタだと思ってたけど、彼は本気だった。

山里　ショックでしたよね。僕の横にいる人も「たりない人」かと思ってたのに、しっかり自分を持ってる人だった（笑）。若ちゃんは、元々無理してたのかもね。でも、それがあったから「人間の奥をえぐる」ことができて、最後まで行けましたよね。ずっと妬み嫉みだけを言うユニットだったら、時代に合わなくなって続かなかったでしょうね。若ちゃん、肌感覚でわかってたのかな。俺が主導権握ってたら終わりよ（笑）。

面白いものに身を捧げられる

安島　確かに、人の差異をあげつらって、ディスっていくみたいな時代は急に終わりましたよね。それに「さよなら　たりないふたり」の時は、山ちゃんが結婚することになって、しかもお相手も俳優さんだし。山ちゃんが国民的な人気者になった。

山里　なった、なった。一瞬ね。

安島　その時の即興漫才では、奥様のことや、今後自分はどうしていく、みたいなことを言わざるを得なかったでしょ。辛くなかった？

山里　あの時期はまだ、妬み嫉みっていう武器にすがっている部分があった。その〝治療〟としては、一番合ってるんじゃないかなと思った。全く違う人間になるつもりでね。

安島　僕もきっと、山ちゃんはそういう窮屈な思いをしているかもしれないなと思って、「さよなら　たりないふたり」で鎖が解けたらいいなって。それこそ面白いだろうから。

山里　人間のおかしみみたいなところを引き出すのは、「たりないふたり」の漫才しかなかったですからね。人間としての興味で僕のことを面白いと思ってもらえたのはあの瞬間だけですよ。自信になってるし。

安島　山ちゃんは「面白いもの」が作れると確信したら、その方向に自分を捧げられる人

だよね。だって漫才の中で、奥様のことをあんなにイジらせないでしょ、普通。

山里　もし台本があったらイジらせないですよ。若ちゃんが勝手にイジり出すから（笑）。

安島　でも乗ってたじゃない（笑）。芸人さんとして「面白いことをやりたい」というのが、全部に勝ってる瞬間だったと思うんですよね。――そのうえで、総括すると、自分にとって「たりない」というものが変わってきました？　変わらない？

山里　僕は変わらない気がするんですよね。周りはよく「いやいや素敵な家庭があるじゃない」って言うけど、そこに反論ができないけど、正直イラつきを覚えます。奥さんはいるし、子どもはかわいい。でもだから、才能が満ちあふれるわけではない。

「憧れ」と「絶望」は共存している

安島　難しいよね。「素敵な家庭があるじゃない」「お金も稼いでいるじゃない」と言ってくる人って、「才能のある・ない」の葛藤は理解できないんでしょうね。でも、一方で仕事とかお金は、才能と紐づいているわけでしょ。才能があるからこそ、仕事もお金も手に入る。でもなぜそこで満足はしないんですか？

山里　僕が昔から憧れていた才能は「これが面白い」という真っ直ぐな気持ちとか、夢中になって、みんなに「何でそこまで突き詰めてやれるの？」と言われてもキョトンとできるような人。それがないからです。

安島　いや、めちゃめちゃ努力してたでしょ。

山里　めちゃくちゃ頑張った。「憧れ」って、その人になれないという「絶望」と共存しているると思うけれど、その二つの隙間が一番がんばれるポイントなんですよ。そこで諦めず、食らいつこうっていう努力はしていました。自分の憧れにちょっとでも触れていれば、その瞬間だけは憧れたものになれているかもしれない、という狭間です。でも、無理してた。だって「無理しなくてもできる人たち」をいっぱい見てきたから。その人たちを見る限り現状にお腹いっぱいになることがないんですよね。朝の帯番組「ＤａｙＤａｙ．」をやってる時だって、もしその人たちにたった一言「お笑いじゃないもんな」と言われようもんなら、またすぐ腹ぺこになっちゃう。

安島　山ちゃんだからこそできる仕事だと思いますけどね。

山里　それは本当に「たりないふたり」で教えてもらった。これまで、僕は突然夢中になることはなくて、事前の準備がないと、好きになれるものがなかったんですよね。でもそれって、目の前にある材料を全部きちんと調理しておいしくする仕事をしたい、と思っている人にとってみれば、「ない」ことが一番武器になるんじゃないかなって行き着いた。それが武器として一番輝く場所が、帯番組だなとも思った。

安島　確かに。帯って、いろんな食材が運び込まれるでしょ。おいしく調理して視聴者の皆さんに提供する。でも、時々ちょっとまず

そうなのもあるじゃない。

山里　そう。まずいものには嘘をつかずに、「新しい特長」を持たせてあげる。「スッキリ」の加藤浩次さんはそれができる天才だった。出演者がショートネタでちょっとスベったとしても、「本当は単独ライブ用の長めのネタあるんでしょ。それ絶対見たいわ」と。嘘がないうえに、彼らは見せ方によってはめちゃくちゃ面白いんだというのを自然と言えたりするのを、〝天の声〟の見守りをやりながらずっと近くで見てたから。

山ちゃんを型にはめようとした

安島　改めて申し訳なかったなあと思うのは、「落下女」の時。名だたるコント師の中に後から加入してもらった山ちゃんを、突然センターに据えちゃった。今考えたら南キャンだけ漫才師だし。当時は「山里」という人が面白いから、いいコントの形を提供できればなんとかなると。無理に型にはめちゃったことが申し訳なくて。

山里　その時は本当に何にもできなかった。

安島　山里亮太という芸人としてのレーダーチャートは見てたけど、人間としてのレーダーチャートは見てなかったなと。人間として何が突出していて、何が欠けてるのかわかっていなかった。山ちゃんの〝人〟を考えたら、うまくいくはずがない環境だと思うんです。そこを見る余裕が僕になかったんですね。その申し訳なさも手伝って、中野の若旦那期につながるっていう（笑）。ちゃんと山ちゃんという人を知りたくて。

山里　めっちゃ飲みに行きましたもんね（笑）。そんな部分まで見てくれるスタッフさんっていないと思うんです。でも、気遣いの深さがあるというか、これを言ったらこの子はこうなっちゃうなという想定を、多分誰よりも先までやる人だったから。僕らのストレスを全部背負ってくれる人だったので、それは助かりました。それなのに僕は、「安島さん、なんかちょっと違うんだよな」って、ラジオで愚痴ったりするので（笑）。

若ちゃんから声がかかることを待っている

安島　それで今、「たりないふたり」は解散しましたが、山ちゃん的には『たりないふたり』はこれで収めてしまって大丈夫ですかね？

山里　いやまだだよ！　こちとらやる気満々よ。御大よ！　若ちゃんは腰が重いから。若ちゃんが「やるぞ」と言ったら、いつでもこっちはビッチ山ちゃんになるよ（笑）。昔、約束したんだけどね。何か大きい出来事があったらやろうかって。

安島　子どもができて、帯番組が始まってね。

山里　それでもまだダメみたいね。オードリーは2024年に東京ドーム公演が控えてるけど、それを終えて燃え尽きた頃に、また燃えたくなったら声をかけてくれるんじゃないかって期待してますよ。あの人は燃え尽きた自分が嫌になる時が絶対1回来る人だから。何かしでかそうとする人だから。ただ若ちゃんから今面白いと思ってることを聞いて、俺が突っ込んでね。もう「これを伝えなきゃ」ということはないし。単純に今面白いと思ってることを聞いて俺が突っ込めば、いつでもできる。

安島　同じことを若林くんも言ってましたよ。「自分が頭の中で言いたいことを箇条書きで決めておけば漫才になる」「自分が思ってる突っ込みの何十倍ものパワーで山里が来るから、漫才はすぐできる」って。

山里　じゃあ待ってますよ。でも御大、腰が重いからなあ（笑）。

でも、たりなくてよかった
たりないテレビ局員(きょくいん)と人気芸人(にんきげいにん)のお笑(わら)い25年(ねん)"もがき史(し)"

2023年9月8日　初版発行

著者／安島(あじま) 隆(たかし)

発行者／山下 直久

発行／株式会社KADOKAWA
〒102-8177　東京都千代田区富士見2-13-3
電話　0570-002-301(ナビダイヤル)

印刷所／大日本印刷株式会社

製本所／大日本印刷株式会社

●お問い合わせ
https://www.kadokawa.co.jp/(「お問い合わせ」へお進みください)
※内容によっては、お答えできない場合があります。
※サポートは日本国内のみとさせていただきます。
※Japanese text only

定価はカバーに表示してあります。

ISBN 978-4-04-606320-5　C0095